5 天轻松学做 FPS 游戏

Unity3D 手机游戏开发

喻春阳 编著

电子工业出版社·
Publishing House of Electronics Industry
北京·BEIJING

内 容 简 介

本书以目前非常流行的 FPS（第一人称射击）类型手机游戏为研究对象，以开发时间进度为主线，提取出核心的游戏要素，将游戏设计和实现的核心内容合理地分配为 5 章（第 2 ~ 6 章），旨在使读者在 5 天时间内理解、学习游戏编程和开发，轻松学做 FPS 游戏，并将开发的游戏安装在自己的手机上运行。本书使用的是业界主流的 Unity3D 游戏引擎、C# 编程语言和 Visual Studio 集成开发环境，并提供简洁、优化的代码。

本书适合作为本科和职业院校"游戏开发"相关课程的教材，也适合想自学、快速上手游戏开发的人员阅读和学习。

图书在版编目（CIP）数据

5 天轻松学做 FPS 游戏：Unity3D 手机游戏开发 / 喻春阳编著 . —北京：电子工业出版社，2021.6

ISBN 978–7–121–41283–7

Ⅰ . ① 5… Ⅱ . ①喻… Ⅲ . ①游戏程序 – 程序设计 – 高等学校 – 教材 Ⅳ . ① TP317.6

中国版本图书馆 CIP 数据核字（2021）第 107423 号

责任编辑：刘　瑀
印　　刷：北京捷迅佳彩印刷有限公司
装　　订：北京捷迅佳彩印刷有限公司
出版发行：电子工业出版社
　　　　　北京市海淀区万寿路 173 信箱　邮编：100036
开　　本：720×1000　1/16　印张：10　字数：176 千字
版　　次：2021 年 6 月第 1 版
印　　次：2024 年 7 月第 4 次印刷
定　　价：49.90 元

凡所购买电子工业出版社图书有缺损问题，请向购买书店调换。若书店售缺，请与本社发行部联系，联系及邮购电话：（010）88254888，88258888。

质量投诉请发邮件至 zlts@phei.com.cn，盗版侵权举报请发邮件至 dbqq@phei.com.cn。

本书咨询联系方式：liuy01@phei.com.cn。

前言
PREFACE

科技的飞速发展和进步，不断地改变着人们的生活。功能强大的智能手机已经成为人们生活中必不可少的工具之一。人们通过使用各种各样的 App，能够很方便地工作、购物、看视频、玩游戏。2019 年，游戏类 App 数量达到 90.9 万个，占全部 App 的比例为 24.7%，日常工具类、电子商务类和生活服务类 App 数量分别达 51.4 万个、38.8 万个和 31.7 万个，均少于游戏类 App 的数量。数据的背后凸显出游戏类 App 开发人才的重要性。

如果你想成为一名优秀的手机游戏开发者，那么学习 Unity3D 开发技术是不可或缺的一个环节。Unity3D 是由 Unity Technologies 开发的一个能够轻松创建诸如三维视频游戏、实时三维动画等的多平台、综合型游戏开发工具，是一个全面、综合的专业游戏引擎。Unity3D 引擎占据全功能游戏引擎市场 45% 左右的份额。全世界约有 6 亿个玩家在玩用 Unity3D 引擎制作的游戏。使用 Unity3D 引擎的开发者已经超过 330 万人，其中约 1/4 的开发者在中国，超过 5000 家游戏公司和游戏工作室正在使用 Unity3D 引擎进行游戏开发。近年来热门的《王者荣耀》《炉石传说》《和平精英》《神庙逃亡》等游戏，都是利用 Unity3D 引擎开发的。因此，学习 Unity3D 游戏开发，未来职业发展前景非常可观。

我自 2006 年开始，一直从事游戏程序设计和开发等相关课程的一线教学和实践工作，积累了丰富的游戏设计与开发实战教学经验，曾经使用过 GDI、DXUT、Torque Game Engine 等软件。目前使用 Unity3D 进行教学，设计和开发的游戏从 PC 平台游戏慢慢转向移动平台游戏，从单机游戏慢慢转向联网游戏。

一直以来，我就有想法将自己多年来从事游戏设计与开发所积累的教学经验加以整理、总结，编写成一本教材，供广大从事游戏开发教学的教师、专业学生及游戏开发爱好者使用。游戏开发需要掌握的知识很多，包括脚本、建模、贴图、蒙皮、骨骼动画、音频等。为了使读者快速入门，本书提供了游戏开发的相关资源和源代码，这些资源来自 Unity 官网的 AppStore，并且都是免费的。在游戏类型的选取上，本着流行度高、难度适宜、代码量适中、开发周期短的原则，本书选择 FPS 类型手机游戏，旨在一步步地指导读者设计、开发、最终完成一个能在手机上运行的游戏，并将其发布到安卓平台上。众所周知，Unity3D 引擎的更新速度很快，截至发稿前，其长期稳定版已经更新到 Unity2020.3.9，新版本编辑器部分命令菜单的布局有些变化，但不会影响到书中内容的使用。

本书包含配套资源包，读者可登录华信教育资源网（www.hxedu.com.cn）免费下载。由于本人的水平有限，本书难免存在错误之处，恳请读者谅解并批评指正。

作　者

目录
CONTENTS

第 1 章

准 备 工 作

　　智能手机的飞速发展，为用户带来了丰富的 App。其中，游戏类 App 异常火爆，随之而来的是手机游戏开发的不断升温，社会对手机游戏开发人才的需求与日俱增，手机游戏开发行业前景广阔。

　　本书旨在利用 5 天的时间，带领读者从零开始，设计和开发一款 FPS（First Person Shooter，第一人称射击）类型的手机游戏。游戏包括 3 个关卡，有 3 种武器可供玩家选择，此外，还为玩家提供了若干道具。关卡中的敌人是若干卡通造型的敌人。游戏制作完成后，我们将该游戏打包成 apk 文件，将其安装在安卓手机上运行。

　　"工欲善其事，必先利其器。"在开始手机游戏设计和开发之旅前，我们要做好准备工作，搭建好制作游戏的开发环境。

1.1　安装 Unity 编辑器

　　Unity3D 是目前大多数手机游戏开发时使用的引擎。从 Unity3.1 版本开始，Unity3D 经历了 4.0、5.0、2017、2018、2019 等版本，每一次版本的升级都带来了新的技术支持。考虑到本书面向的读者群体是想要从事游戏开发或对游戏开发有兴趣的初学者，最新版本提供的新功能在本书的教学内容中不会用到，而且高版本导出的安卓（Android）应用无法保证在所有读者现有手机上顺利运行，因此本书选用非常稳定的 Unity2017.3.0 版本作为游戏开发引擎，功能上完全满足游戏开发者的需求。

　　读者可通过访问 Unity 官方网站，下载 Unity2017.3.0 编辑器 Unity Editor 64-bit，如图 1.1 所示（或者下载教材配套的资源，在"随书资源 / Unity 编辑器"文件夹中获取引擎安装文件）。

　　下载好编辑器的安装文件后，运行安装文件，按照安装向导的指示，一步步地将 Unity2017.3.0 版本的游戏引擎编辑器安装到计算机上。如果计算机的 C 盘是固态硬盘，并且空间够用，建议安装在 C 盘上，编辑器运行的速度会非常快。

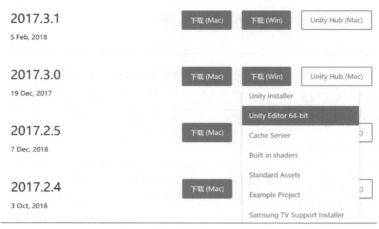

图 1.1　下载 Unity2017.3.0 编辑器 Unity Editor 64-bit

1.2　下载并安装 Unity 的 Android 插件

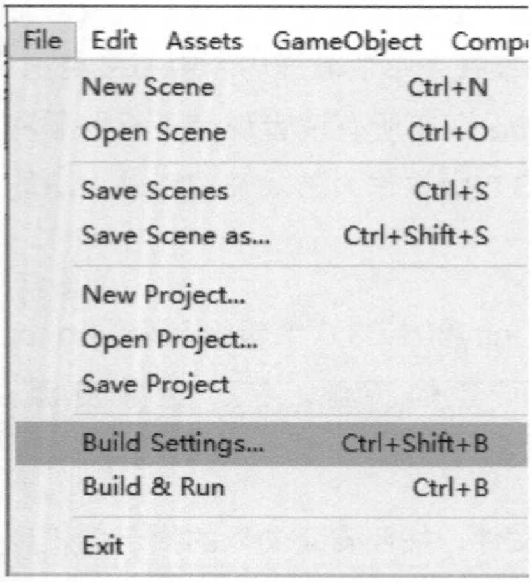

第一步，安装好 Unity 编辑器后，打开软件，创建一个新的工程，名字为 MyFPSGame，然后单击 Create Project 按钮。工程创建完毕后，选择菜单命令"File—Build Settings"，或者按"Ctrl+Shift +B"组合键，如图 1.2 所示。

第二步，在弹出的对话框中，找到 Platform 列表，默认的输出平台是"PC，Mac&Linux Standalone"，选择 Android 选项，如图 1.3 所示。

图 1.2　单击"File-Build Settings"
选项

图 1.3　选择 Android 选项

第三步，在 Platform 列表的右侧单击 Open Download Page 按钮，下载 UnitySetup-Android-Support-for-Editor-2017.3.01.exe 文件，下载完毕后，安装并运行该文件（或者下载教材配套的资源，在"随书资源 / 安卓工具"文件夹中获取 UnitySetup-Android-Support-for-Editor-2017.3.01.exe 文件）。

第四步，单击 Switch Platform 按钮，得到如图 1.4 所示的结果。

第五步，安装 Android SDK 和 JDK。将教材配套资源中"随书资源 / 安卓工具"文件夹中的 android-sdk-windows2017-12-25.zip 和 jdk-8u152.exe 文件，复制到计算机本地磁盘中，分别安装 Android SDK 和 JDK 到计算机中。

第六步，在 Unity 编辑器中，选择菜单命令"Edit—Preferences"，在弹出的对话框中选择 External Tools 选项卡。在 External Tools 选项卡下方的 Android 选区下，单击 Browse 按钮，将 SDK 和 JDK 分别安装到之前指定好的 Android SDK 和 JDK 的目录下，如图 1.5 所示。

图 1.4　单击 Switch Platform 按钮

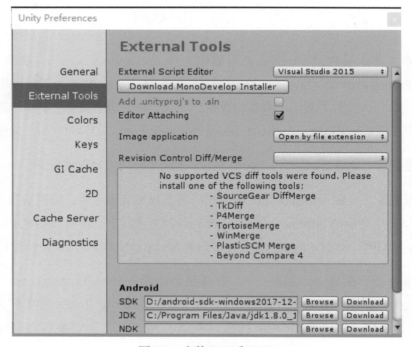

图 1.5　安装 SDK 和 JDK

通过上面的操作，我们就完成了开发前的环境搭建工作。

1.3　小结

本章我们在计算机上搭建好了使用 Unity 编辑器开发手机游戏的软件环境，为设计和制作 FPS 游戏做好了准备工作。

第 2 章

游戏框架设计和搭建

今天是我们开始游戏设计和制作的第一天。我们要做的是一款 FPS 类型的手机游戏。通常，开发游戏有一个基本的框架流程，如图 2.1 所示。

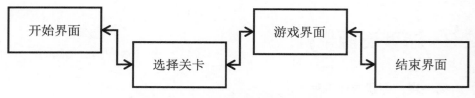

图 2.1　开发游戏基本的框架流程

根据上述框架流程，先对我们的 FPS 游戏框架进行设计。

2.1　开始界面设计

开始界面中包含一张带有游戏名字的背景图片和三个按钮，其示意图如图 2.2 所示。

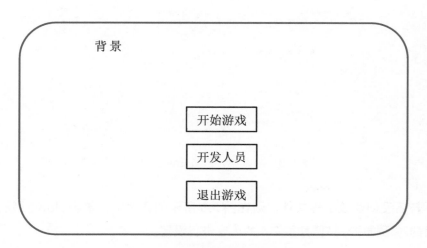

图 2.2　游戏开始界面示意图

其中，三个按钮的功能如下。

【开始游戏】：单击后进入关卡选择界面。

【开发人员】：单击后进入开发人员界面。

【退出游戏】：单击后回到手机主界面。

2.2　游戏资源架构

第一步，创建游戏工程。

运行 Unity 编辑器，在弹出的编辑器界面中，选择上一章创建好的 MyFPSGame 工程文件，如图 2.3 所示，打开该工程文件。

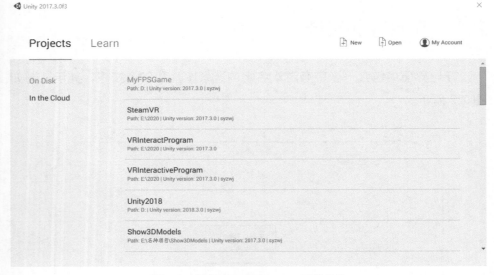

图 2.3　选择 MyFPSGame 工程文件

若还没创建该工程文件，则在图 2.3 所示的界面中，单击 New 按钮，在弹出的对话框中，按照如图 2.4 的内容进行设置。

工程文件创建好之后，这个工程里面没有任何内容，是一个空工程。我们将在接下来的 4 天里，一起把设计好的游戏内容不断添加到该工程文件中，最终制作并完成 FPS 手机游戏。

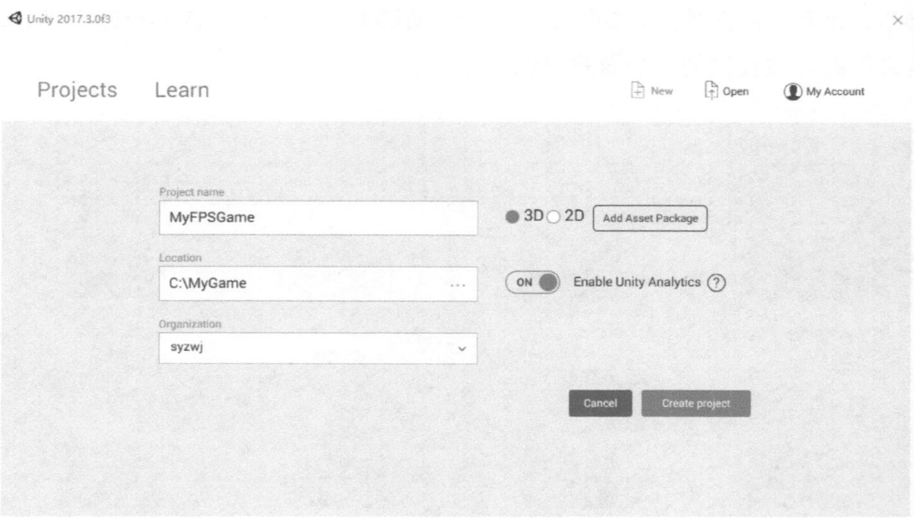

图 2.4　创建新的工程

通常，在一款游戏中，会包含许多类型的游戏资源，包括 C# 代码、图片、图标、模型、动画、声音、视频、粒子等。所有的游戏资源必须保存在 Unity3D 工程文件夹中的 Assets 文件夹下，才能够被游戏引擎识别和使用，如图 2.5 所示，目前该文件夹是空文件夹。

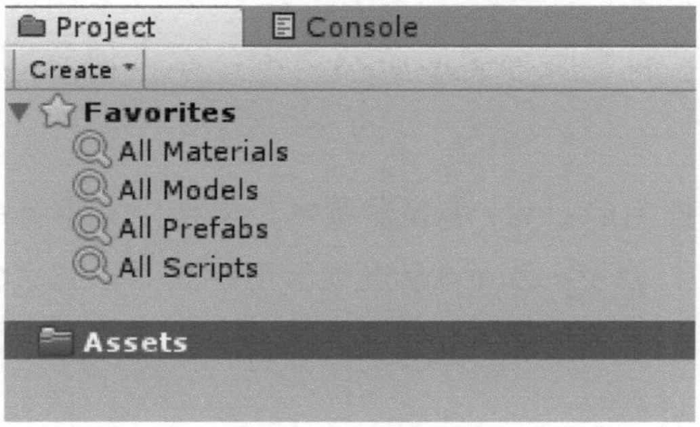

图 2.5　Assets 文件夹

第二步，构建资源文件夹。

在 Assets 文 件 夹 下 创 建 名 为 MyFPSGame 的 文 件 夹，然 后 在 MyFPSGame 文件夹下创建名为 UI、关卡、动画控制器、声音、模型、粒子、脚本、预制体的文件夹，如图 2.6 所示。随着游戏的开发，内容不断增加，这些文件夹将被我们创建的游戏资源填充。

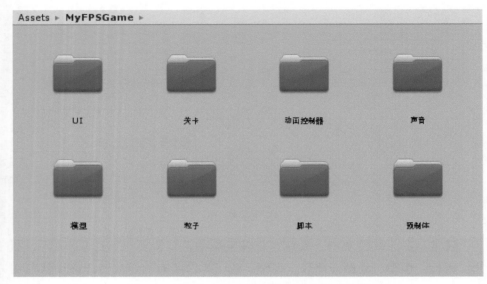

图 2.6　MyFPSGame 文件夹下的文件夹结构

注意 1：如果将所有游戏中使用的资源全部放在 Assets 文件夹的根目录下，将会导致管理混乱，效率低下。所以，在 Assets 文件夹下创建多个子文件夹，用于存放相应的不同类型的游戏资源，能方便我们高效地管理游戏资源。

注意 2：目前使用的 Unity 编辑器版本是支持中文字符命名的，包括文件夹命名和文件命名，以及 Hierarchy 选项卡下游戏对象的命名，并可以顺利导出 apk 包供安卓手机安装使用。根据个人喜好，读者也可以使用英文字符进行命名。

第三步，保存场景。

选择菜单命令"File—Save Scenes"，将当前打开的场景保存为 StartUI，并将其保存在"关卡"文件夹中。

第四步，获取游戏素材。

在 Project 窗口下，单击鼠标右键，在弹出的菜单中，选择 Show in Explorer 选项，如图 2.7 所示，打开游戏资源所在文件夹。

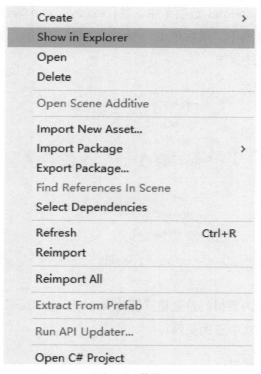

图 2.7　菜单

然后，将随书资源中的"游戏素材"文件夹打开，里面有两个文件夹，分别是 UI 和声音。将这两个文件夹中的全部内容复制、粘贴到游戏资源文件夹中的 UI 和声音这两个文件夹中，在后面的学习中将会用到这些素材。其他文件夹先保持为空，在后面的学习过程中，我们将一步步地创建相应的内容并保存在这些文件夹中。

注意：由于作者没有受过专业的美术训练，UI 文件夹中的素材是作者自已使用 Photoshop 软件简单制作的，美观程度可能无法满足读者的需求，读者可自行寻找或制作更加漂亮的 UI 素材替换提供的素材。

第五步，更改素材图片格式。

在 Unity 编辑器中，选择"MyFPSGame/App 图标"文件夹中的 app.png 文件，在右侧的 Inspector 选项卡中，将 Texture Type 属性设置为 Sprite(2D and UI)，如图 2.8 所示，然后单击"Apply"按钮。之后，对其他文件夹中的所有图片都进行上述操作。

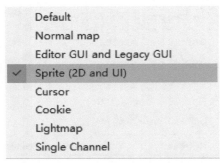

图 2.8　将素材图片的 Texture Type 属性设置为 Sprite（2D and UI）

注意：在将作为素材的普通格式图片导入 Unity 编辑器中时，需要进行相应的转换才能在游戏中正确使用。

第六步，设置尺寸。

我们的游戏要发布成安卓 apk，才能够在安卓手机上运行。不同手机的屏幕分辨率不同，需要对游戏窗口的分辨率进行设置，从而更好地与测试手机屏幕分辨率相匹配，避免出现因分辨率不同而导致的游戏画面显示不正确和 UI 图标移位等错误。

❶ 拿出自己要运行该游戏的安卓手机，查看该手机的屏幕分辨率。作者使用的手机是华为荣耀 DIG–TL10，在"设置—关于手机—分辨率"中可以查看屏幕分辨率，该手机的屏幕分辨率是 720×1280，如图 2.9 所示。

图 2.9　华为荣耀 DIG-TL10 的屏幕分辨率

❷ 在 Unity 编辑器中设置游戏的显示分辨率。在编辑器中央的游戏编辑窗口，单击 Game 选项卡，切换到 Game 界面，如图 2.10 所示。

图 2.10　Game 选项卡

单击 Free Aspect 下拉按钮，在弹出的下拉列表所显示的分辨率中找到与读者手机屏幕分辨率相同的选项，单击该选项。如果列表中没有与读者手机屏幕分辨率相同的选项，可以自定义创建。单击菜单的"+"按钮，在弹出对话框的 Label 文本框中输入 MyFPSGame，将 Type 设置为 Fixed Resolution。再在 Width & Height 文本框中填入读者手机的实际屏幕分辨率，这里填写的是 1280 和 720，单击 OK 按钮创建并使用该分辨率，结果如图 2.11 所示。

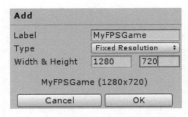

图 2.11　游戏屏幕分辨率设置

注意：我们在手机上运行游戏时，采用强制横屏的模式进行游戏，所以，这里要将 Width 和 Height 的值对调。

第七步，设置摄像机参数。

在 Unity 编辑器左侧的 Hierarchy 选项卡下找到 Main Camera 选项并选中，在编辑器右侧的 Inspector 选项卡下找到 Camera 组件，将其下面的 Clear Flags 属性选为 Solid Color，Projection 属性选为 Orthographic，其他参数保持不变，结果如图 2.12 所示。

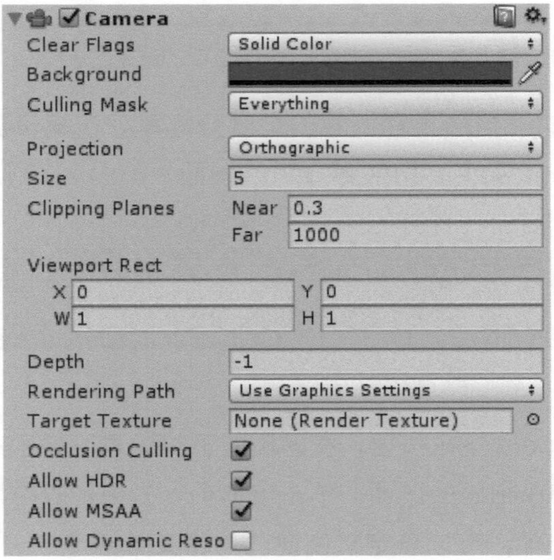

图 2.12　Camera 组件相关参数设置

2.3　制作开始界面

2.3.1　开始界面搭建

第一步，创建 Panel 对象。选择菜单命令"GameObject—UI—Panel"，编辑器会自动为我们创建三个游戏对象：Canvas、Canvas 的子对象 Panel 和 EventSystem，如图 2.13 所示。

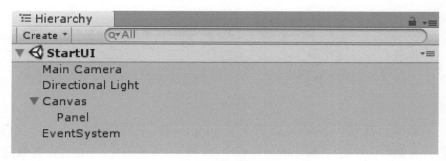

图 2.13　创建游戏对象

注意：当我们使用 Unity 编辑器提供的 UI 对象时，编辑器会自动创建名为 Canvas 的父对象，按钮、图片、文本等所有 UI 对象都是 Canvas 的子对象。

第二步，设置 Canvas 属性。在左侧的 Hierarchy 选项卡中，选择 Canvas 对象，在右侧的 Inspector 选项卡中，将 Canvas Scaler 组件的 UI Scale Mode 属性设置为 Scale With Screen Size，然后将下面的 Reference Resolution 属性设置为 X1280，Y720（作者的安卓手机的屏幕分辨率）。将 Screen Match Mode 属性设置为 Match Width Or Height，最终结果如图 2.14 所示。

第三步，修改游戏对象名称。选择 Panel 对象，在右侧的 Inspector 选项卡下，将其名称修改为"开始界面"，如图 2.15 所示。

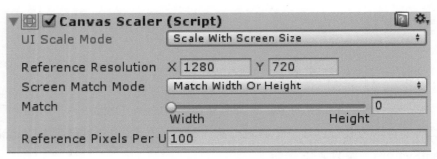

图 2.14　Canvas Scaler 组件相关参数设置

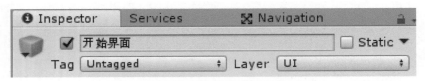

图 2.15　修改游戏对象名称

第四步，找到 Inspector 选项卡下 Image 组件中的 Source Image 属性，单击其右侧的 ⊙ 按钮，在弹出的对话框中，选择"UI 背景图片 / 开始界面背景图"，结果如图 2.16 所示。

图 2.16　背景图片设置

再将 Color 属性的不透明度设为 255。具体操作方式是，单击 Color 属性右侧的白色长条（如图 2.16 所示），在弹出的对话框中，将 A 属性的值设为 255，如图 2.17 所示。

图 2.17　Color 属性设置

第五步，在 Hierarchy 选项卡下，保持"开始界面"对象处于选中状态，单击鼠标右键，在弹出的菜单中选择"UI—Button"选项，创建一个按钮对象。选中该按钮对象，在右侧的 Inspector 选项卡中，将名称改为"开始游戏"，然后设置 Rect Transform 中的值为 Width180，Height80（或者其他合适的值），其他参数保持不变，如图 2.18 所示。

第六步，选中"开始游戏"对象的子对象 Text，将组件中的 Text 属性修改为"开始游戏"，将 Font Size 属性设置为 40，Color 属性设置为蓝色，其他参数默认不变，如图 2.19 所示。

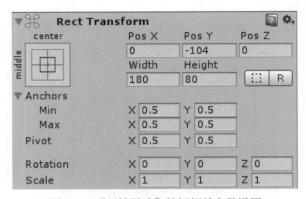

图 2.18 "开始游戏"按钮相关参数设置

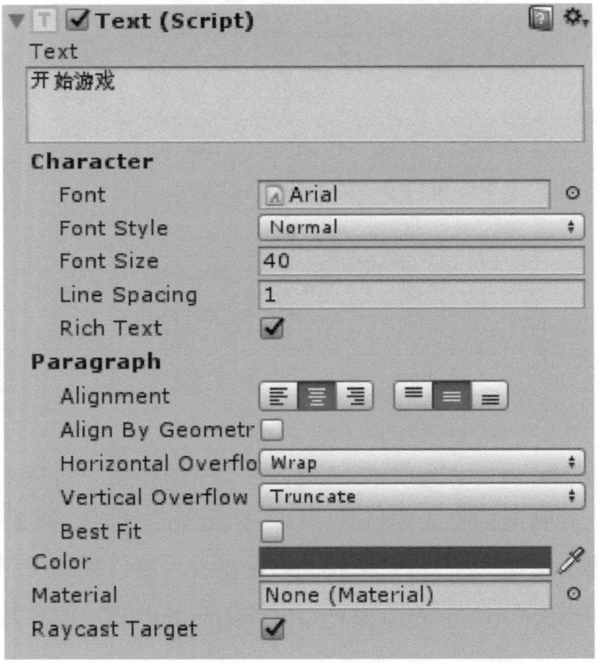

图 2.19 Text 组件相关参数设置

　　第七步，使用"Ctrl + C"组合键复制"开始游戏"对象，然后再使用两次
"Ctrl + V"组合键粘贴出两个"开始游戏"对象，分别将这两个对象移动到
合适的位置，然后按照上述操作分别修改它们的名称和Text属性为"开发人员"
和"退出游戏"，结果如图 2.20 所示。

图 2.20　修改游戏对象名称和 Text 属性

开始界面最终效果图如图 2.21 所示。

图 2.21　开始界面最终效果图

2.3.2　按钮事件

根据我们的设计方案，单击"开始游戏"按钮将进入关卡选择界面，单击"开发人员"按钮将显示开发人员相关信息，单击"退出游戏"按钮将回到手机桌面。

"关卡选择"和"开发人员"界面会在下一节中进行设计和实现，本节先实现"退出游戏"按钮的功能。

第一步，在编辑器中进入"Assets/MyFPSGame/ 脚本"文件夹，单击鼠标右键，弹出菜单，选择菜单命令"Create—C# Script"，系统会自动创建一个默认名为 NewBehaviourScript 的 C# 文件，将其重命名为 StartUI。双击打开该文件，这里使用的代码编辑器是 Visual Studio 2015。

第二步，将原有代码全部删除，输入下面的代码。

```
/****************************************************************
 *    功能：开始界面的按钮实现                                    *
 ****************************************************************/

using System.Collections;
using System.Collections.Generic;
using UnityEngine;
using UnityEngine.SceneManagement;

namespace MyFPSGame              // 命名空间
{

    public class StartUI : MonoBehaviour {
        public void Button_Exit()               // 【按钮】退出游戏
        {
            Debug.Log("退出游戏");
            Application.Quit();         // 退出游戏
        }
    }
}
```

注意：每行代码"//"后面的内容是注释，方便我们了解该行代码的作用，编译器不会将这些内容编译到可执行文件中。养成为代码做注释的良好习惯，将来会受益匪浅。

以上代码很简单，只有一个函数 Button_Exit()，该函数的功能是退出游戏，返回手机桌面。

注意：在安卓手机上单击"退出游戏"按钮将退回到手机桌面。但由于安卓系统自身的机制问题，该操作并不能真正将游戏关闭，只能将游戏最小化到系统后端。若需要彻底退出游戏应用，则要用安卓系统自己的方法真正关闭该游戏，释放内存空间。

第三步，选择菜单命令"GameObject_Create Empty"，在场景中新建一个空对象，将该对象重命名为"游戏控制器"。将刚才编写好的 StartUI.cs 拖到 Hierarchy 选项卡下的"游戏控制器"上，使之成为"游戏控制器"的组件。

第四步，在 Hierarchy 选项卡下选择"退出游戏"按钮，在 Inspector 选项卡下的 Button 组件中找到 On Click()，单击其右下角的"+"按钮，将"游戏控制器"对象从 Hierarchy 选项卡拖到 Runtime Only 下的 None(Object)上。然后单击 Runtime Only 右侧的下拉按钮，在弹出的菜单中选择"StartUI.Button_Exit"选项，结果如图 2.22 所示。

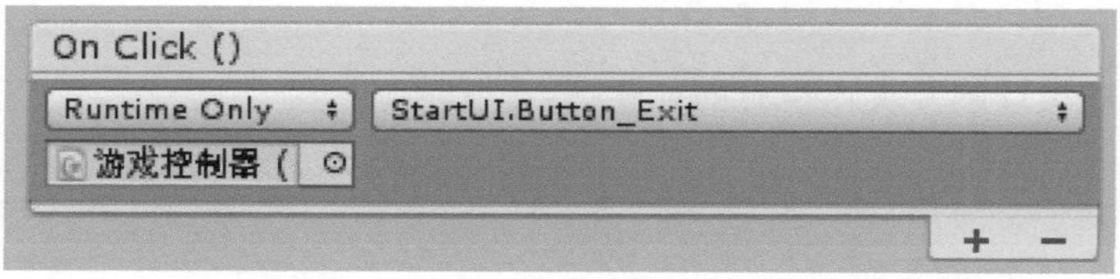

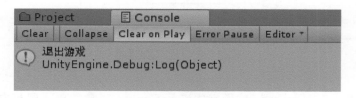

图 2.22 "退出游戏"按钮响应事件实现方法

注意：Button_Exit() 函数是我们在 StartUI.cs 文件中定义的，该函数一定要使用 public 限定词，否则无法在函数列表中找到该函数。

第五步，在编辑器中运行游戏。单击"退出游戏"按钮，可以在 Console 选项卡下看到"退出游戏"的日志文件，如图 2.23 所示，这样，当我们将游戏导出 apk 文件并安装在手机上后，单击该按钮可以返回手机桌面。

图 2.23 "退出游戏"的日志文件

注意：在 Unity 编辑器运行游戏的状态下，调用 Application.Quit() 函数时，在编辑器中运行的游戏并不会结束，这是由 Unity 编辑器内部机制决定的。

2.4 开发人员界面

在设计"关卡选择"和"开发人员"界面时，我们一般采用为每个界面创建新的场景进行跳转的方法。然而，更好的解决方案是将"关卡选择"和"开发人员"界面都放在 StartUI 场景中，未单击相应按钮时，不显示相应的界面；单击时，再将其显示出来。这样设计可以极大地提高游戏运行的效率，避免玩家在不同界面之间来回选择时，出现由于程序在场景之间来回跳转加载资源而导致时间损耗的情况。

2.4.1 开发人员界面设计

本游戏设计的开发人员界面如图 2.24 所示。

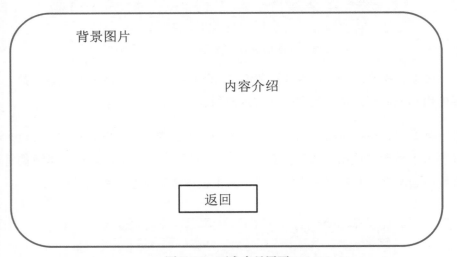

图 2.24　开发人员界面

第一步，在 Hierarchy 选项卡中选择 Canvas 对象，单击鼠标右键，创建一个 Panel 对象，将该对象重命名为"开发人员界面"。将 Source Image 指定为"Assets/MyFPSGame/UI/ 背景图片"文件夹下的"开发人员背景图"，如图 2.25 所示，并将 Color 属性的透明度设为 255。

图 2.25 开发人员界面 Image 组件设置

第二步，将"开发人员界面"作为父对象，为其新建一个 Text 组件，将该组件重命名为"文字介绍"。在 Inspector 选项卡下修改其 Rect Transform 组件属性，PosX = 300，Width = 600，Height = 400。Text 组件中，将 Font Size 属性设置为 60，Color 属性设置为白色。Text 属性中填写开发人员相关信息，参考结果如图 2.26 所示。

图 2.26 Text 组件相关参数设置

第三步，将"开发人员界面"作为父对象，为其创建一个 Button 组件，将该组件重命名为"返回"，将 Button 组件的 Text 属性设置为"返回"，调整"返回"按钮的尺寸和位置，最终效果如图 2.27 所示。

图 2.27　开发人员界面最终效果图

注意：可以将开发人员相关信息与背景图片设计在一起，直接通过一张背景图片表现出来。

2.4.2　开发人员界面交互

下面我们开始编写相关功能的实现代码。

第一步，在 StartUI.cs 中添加代码，代码如下：

```
/********************************************************
 *    功能：开始界面的按钮实现                          *
 ********************************************************/

using System.Collections;
using System.Collections.Generic;
using UnityEngine;
using UnityEngine.SceneManagement;

namespace MyFPSGame          //命名空间
```

```
{

    public class StartUI : MonoBehaviour {

        public GameObject startUI;           // 开始界面
        public GameObject staffUI;           // 开发人员界面

        void Start()
        {
            staffUI.SetActive(false);        // 开发人员界面不显示
        }

        public void Button_Exit()            // 【按钮】退出游戏
        {
            Debug.Log("退出游戏");
            Application.Quit();              // 退出游戏
        }

        public void Button_Staff()           // 【按钮】开发人员
        {
            startUI.SetActive(false);        // 隐藏开始界面
            staffUI.SetActive(true);         // 显示开发人员界面
        }

        public void Button_Back()            // 【按钮】返回
        {
            startUI.SetActive(true);         // 显示开始界面
            staffUI.SetActive(false);        // 隐藏开发人员界面
        }
    }
}
```

第二步， 在 Hierarchy 选项卡下选择"游戏控制器"，将其 Inspector 选项卡下的 Start UI 组件下的 Start UI 属性指定为"开始界面"，Staff UI 属性指定为"开发人员界面"，如图 2.28 所示。

图 2.28　Start UI 组件相关参数设置

第三步， 在 Hierarchy 选项卡下选择"开发人员"按钮，在其 Inspector 选项卡下找到 On Click()，单击其右下角的"+"按钮，将"游戏控制器"对象从 Hierarchy 选项卡拖到 Runtime Only 下的 None(Object) 上。然后单击 Runtime Only 右侧的下拉按钮，在弹出的菜单中选择 StartUI.Button_Staff，结果如图 2.29 所示。

图 2.29 "开发人员"按钮响应事件设置

第四步， 单击开发人员界面下的"返回"按钮，同样添加一个 On Click() 响应事件，将 StartUI.Button_Back 指定为响应函数，如图 2.30 所示。

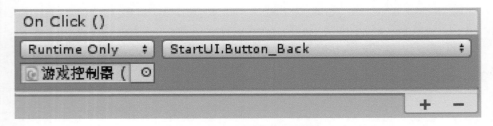

图 2.30 "返回"按钮响应事件设置

第五步， 运行游戏，测试按钮功能。

2.5 关卡选择界面

本游戏中，我们一共设计了三个关卡，其难易程度分别是容易、普通和困难。关卡选择界面布局设计如图 2.31 所示。

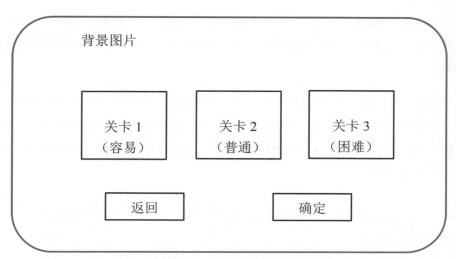

图 2.31　关卡选择界面布局设计

2.5.1　关卡选择界面制作

下面，我们使用 Unity 编辑器来实现关卡选择界面的制作。

第一步，在 Hierarchy 选项卡下选择 Canvas 对象，单击鼠标右键，创建一个 Panel 对象，将其重命名为"关卡选择界面"。在右侧的 Inspector 选项卡下找到 Image 组件，将其 Source Image 属性指定为"Assets/MyFPSGame/UI/ 背景图片"文件夹下的"关卡选择背景图"，同时将 Color 属性的透明度设置为 255，如图 2.32 所示。

图 2.32　关卡选择界面背景图片设置

31

第二步，根据图 2.31，为关卡选择界面创建两个 Button 组件，分别将这两个组件的名字和 Text 属性修改为"返回"和"确定"，并放置到合适的位置。

第三步，继续为关卡选择界面创建一个 Image 类型的子对象，将其重命名为"关卡父对象"。保持"关卡父对象"处于选中状态，选择菜单栏中的"Component—UI—Toggle Group"选项，为其添加 Toggle Group 组件，结果如图 2.33 所示。

图 2.33　Toggle Group 组件

第四步，继续保持"关卡父对象"处于选中状态，为其添加一个 Image 类型的子对象，重命名为"关卡 1"。修改其属性，Width = 240，Height = 240，将其移动到屏幕偏左的位置，将其 Source Image 属性指定为"Assets/MyFPSGame/UI/ 背景图片文件夹"下的"关卡 1 图片"。

第五步，复制并粘贴"关卡 1"对象，将复制出来的"关卡 1(1)"对象重命名为"关卡 1 选中"，将其 Source Image 属性指定为"Assets/MyFPSGame/UI/ 背景图片"文件夹下的"关卡 1 选中图片"。然后将"关卡 1 选中"对象拖到"关卡 1"对象下成为其子对象，最终的结构如图 2.34 所示。

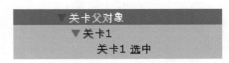

图 2.34　关卡对象结构图

第六步，选择"关卡 1"对象，选择菜单命令"Component—UI—Toggle"，为关卡 1 对象添加 Toggle 组件。在 Inspector 选项卡下找到

Toggle 组件下的 Graphic 属性，将"关卡 1 选中"对象从 Hierarchy 选项卡拖到其右侧的空白栏中，然后将"关卡父对象"从 Hierarchy 选项卡拖到其右侧的空白栏中，结果如图 2.35 所示。

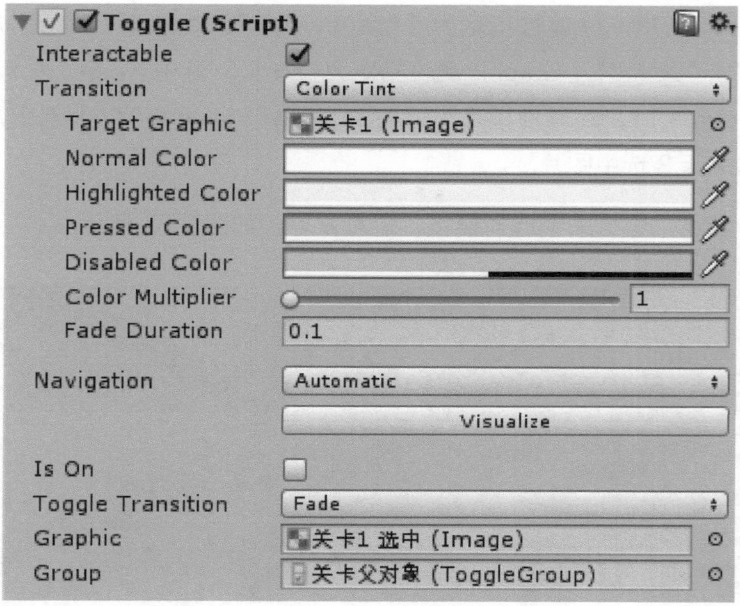

图 2.35　关卡 1 的 Toggle 组件设置

第七步，选中"关卡 1"对象，再复制、粘贴出另外两个新对象，分别重命名为"关卡 2"和"关卡 3"，同时将它们的子对象重命名为"关卡 2 选中"和"关卡 3 选中"，最终结果如图 2.36 所示。

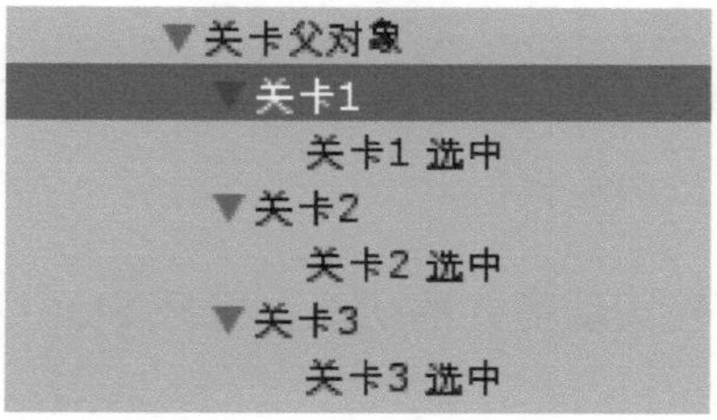

图 2.36　关卡子对象结构图

第八步，将"关卡 2"对象的 Source Image 属性指定为"Assets/MyFPSGame/UI/背景图片"文件夹下的"关卡 2 图片"，Graphic 属性指定为"关卡 2 选中"，将"关卡 2 选中"对象的 Source Image 属性指定为"Assets/MyFPSGame/UI/ 背景图片"文件夹下的"关卡 2 选中图片"。将"关卡 3"对象的 Source Image 属性指定为"Assets/MyFPSGame/UI/ 背景图片"文件夹下的对象"关卡 3"，Graphic 属性指定为"关卡 3 选中"，将"关卡 3 选中"对象的 Source Image 属性指定为"Assets/MyFPSGame/UI/ 背景图片"文件夹下的"关卡 3 选中图片"。

运行游戏，进行关卡选择操作，查看效果，如图 2.37 所示。

图 2.37　关卡选择界面

2.5.2　关卡选择界面交互

下面我们来编写交互功能代码。

第一步，添加代码来实现需要的功能，打开 StartUI.cs 文件，添加代码，代码如下：

```
/**********************************************************
*    功能：开始界面的按钮实现                              *
```

```
                **********************************************************/
using System.Collections;
using System.Collections.Generic;
using UnityEngine;
using UnityEngine.SceneManagement;

namespace MyFPSGame                          // 命名空间
{

    public class StartUI : MonoBehaviour {

        public GameObject startUI;           // 开始界面
        public GameObject staffUI;           // 开发人员界面
        public GameObject selectUI;          // 场景选择界面

        private string sceneName;            // 要加载的场景名字

        void Start()
        {
            staffUI.SetActive(false);        // 开发人员界面不显示
            selectUI.SetActive(false);       // 场景选择界面不显示
        }

        public void Button_Exit()            // 【按钮】退出游戏
        {
            Debug.Log("退出游戏");
            Application.Quit();              // 退出游戏
        }

        public void Button_Start()           // 【按钮】开始游戏
        {
            startUI.SetActive(false);        // 隐藏开始界面
            selectUI.SetActive(true);        // 显示关卡选择界面
        }

        public void Button_Staff()           // 【按钮】开发人员
        {
            startUI.SetActive(false);        // 隐藏开始界面
            staffUI.SetActive(true);         // 显示开发人员界面
        }

        public void Button_Back()            // 【按钮】返回
        {
            startUI.SetActive(true);         // 显示开始界面
            staffUI.SetActive(false);        // 隐藏开发人员界面
            selectUI.SetActive(false);       // 隐藏关卡选择界面
        }
```

```
public void Button_Accept()        //【按钮】确定函数
{
    Debug.Log("进入" + sceneName +"游游戏场景");
    SceneManager.LoadScene(sceneName); // 载入 sceneName 场景
}
public void Button_SelectScene(string name)//【按钮】选择场景
{
    sceneName = name;
    Debug.Log("选择了"+sceneName+"游戏场景");
}
}
}
```

第二步，回到 Unity 编辑器中，在 Hierarchy 选项卡下选择"游戏控制器"，在 Inspector 选项卡下将 Start UI 组件中的 Select UI 属性指定为"关卡选择界面"，如图 2.38 所示。

图 2.38　Start UI 组件相关参数设置

第三步，在 Hierarchy 选项卡下找到"关卡选择界面"的子对象"返回"按钮，在 Inspector 选项卡下的 Button 组件中找到 On Click ()，单击右下角的"+"按钮，将"游戏控制器"对象拖到如图 2.39 所示的对象栏中，选择 StartUI.Button_Back 函数作为响应事件函数。

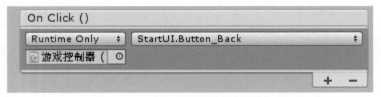

图 2.39　"返回"按钮响应事件设置

第四步，在 Hierarchy 选项卡下找到"关卡选择界面"的子对象"确定"按钮，在 Inspector 选项卡找到 Button 组件中的 On Click()，单击右下角的"+"按钮，将"游戏控制器"对象拖到如图 2.40 所示的对象栏中，选择 StartUI.Button_Accetp 函数作为响应事件函数。

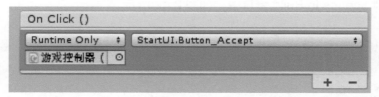

图 2.40　"确定"按钮响应事件设置

第五步，在 Hierarchy 选项卡下找到"关卡 1"，在 Inspector 选项卡找到 Button 组件中的 On Value Changed(Boolean)，单击右下角的"+"按钮，将"游戏控制器"对象拖到如图 2.41 所示的对象栏中，选择 StartUI.Button_SelectScene 函数作为响应事件函数，在其下方的空白栏中输入 Level1。

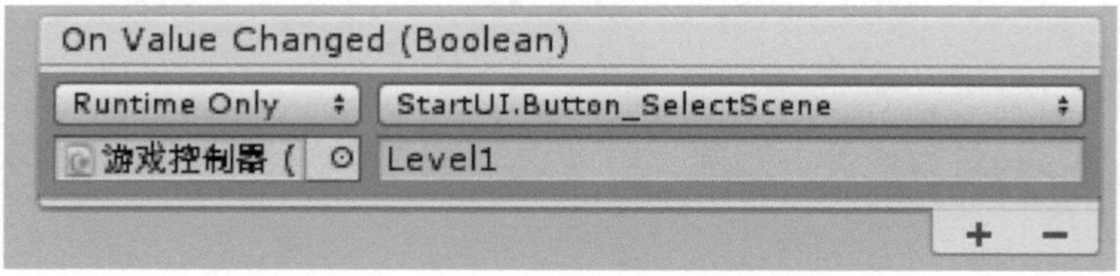

On Value Changed (Boolean)	
Runtime Only ⬍	StartUI.Button_SelectScene ⬍
⊙游戏控制器 (⊙	Level1
	+ −

图 2.41　"关卡 1"按钮响应事件设置

第六步，重复上述步骤，"关卡 2"和"关卡 3"对象 Inspector 选项卡下的 On Value Changed(Boolean) 响应事件的设置同第五步，将参数 Level1 分别修改为 Level2 和 Level3。

第七步，保存当前场景。然后选择菜单命令"File—New Scene"，新建一个场景，将其保存为 Level1。然后再选择菜单命令"File—Save Scenes as"，将 Level1 场景分别另存为 Level2 和 Level3。

注意：由于三个场景都是一样的空场景，为了方便测试，可以在三个场景中分别创建一个、两个和三个 Cube。当选择不同关卡进入时，通过不同数量的 Cube 就可以知道程序运行是否正确。具体的游戏场景搭建我们安排在后续章节中完成。

第八步，选择菜单命令 "File—Build Settings"，在弹出的对话框中，将 StartUI、Level1、Level2 和 Level3 从 "Assets/MyFPSGame/ 关卡" 文件夹直接拖到 Scenes In Build 窗口中，如图 2.42 所示。

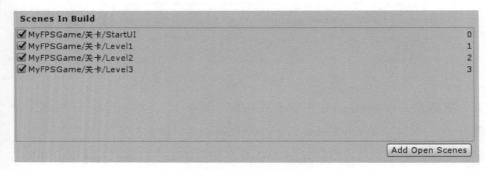

图 2.42　导出应用设置

注意：导出的场景在运行时默认加载第一个场景，即图 2.42 中右侧编号为 0 的场景。

第九步，运行游戏进行测试。

2.6　导出 apk

第一步，选择菜单命令 "File—Build Settings"，弹出对话框，在 Bulid System 下拉列表中选择 Internal 选项，如图 2.43 所示。

第二步，单击 Player Settings 按钮，在右侧的 Inspector 选项卡 PlayerSettings 对话框的 Company Name 文本框中输入 NEU，在 Product Name 文本框中输入 Shooting。单击 Default Icon 右侧 None（Texture2D）下面的 Select 按钮，在弹出的对话框中，找到 "MyFPSGame/UI/App 图标 / app 图标 .png" 文件，单击 "确定" 按钮，结果如图 2.44 所示。这样，导出的 apk 文件和安装到手机上的 App 应用会显示该图标。

图 2.43　导出安卓界面设置

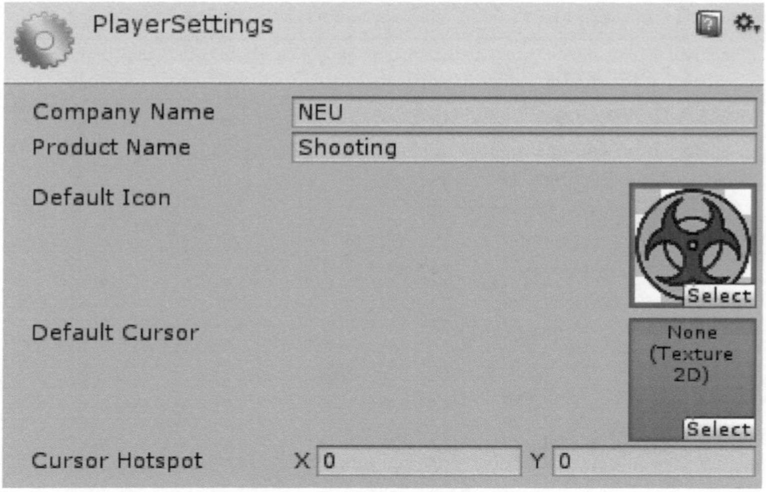

图 2.44　导出工程设置

第三步，在 Settings for Android 对话框下，找到 Orientation 属性，在 Default Orientation* 下拉列表中选择 Landscape Left 选项，如图 2.45 所示。这样，游戏在手机上运行时会采用横屏模式。

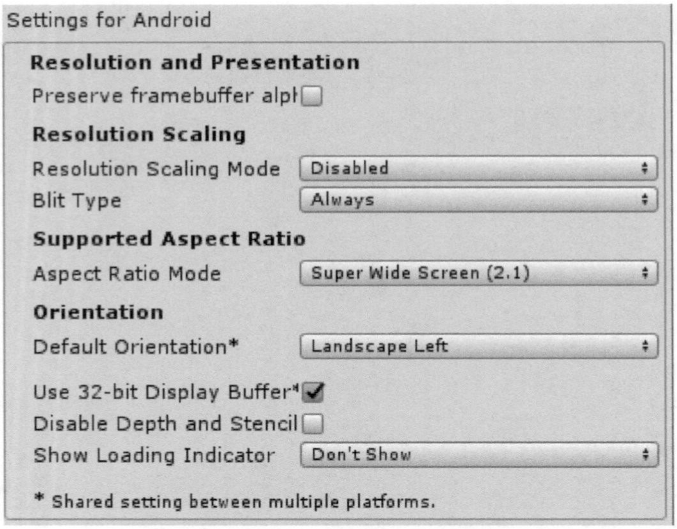

```
Settings for Android
  Resolution and Presentation
  Preserve framebuffer alph☐
  Resolution Scaling
  Resolution Scaling Mode    Disabled              ♦
  Blit Type                  Always                ♦
  Supported Aspect Ratio
  Aspect Ratio Mode          Super Wide Screen (2.1)  ♦
  Orientation
  Default Orientation*       Landscape Left        ♦
  Use 32-bit Display Buffer*☑
  Disable Depth and Stencil☐
  Show Loading Indicator     Don't Show            ♦
  * Shared setting between multiple platforms.
```

图 2.45　手机游戏运行横屏设置

第四步，在 Other Settings 对话框内，按照图 2.46 进行设置。

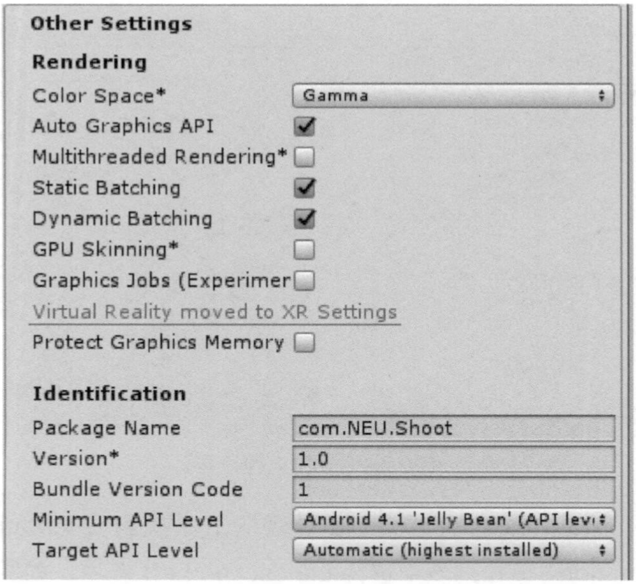

```
Other Settings
  Rendering
  Color Space*               Gamma                 ♦
  Auto Graphics API          ☑
  Multithreaded Rendering*   ☐
  Static Batching            ☑
  Dynamic Batching           ☑
  GPU Skinning*              ☐
  Graphics Jobs (Experimer☐
  Virtual Reality moved to XR Settings
  Protect Graphics Memory   ☐

  Identification
  Package Name               com.NEU.Shoot
  Version*                   1.0
  Bundle Version Code        1
  Minimum API Level          Android 4.1 'Jelly Bean' (API lev♦
  Target API Level           Automatic (highest installed)  ♦
```

图 2.46　Other Settings 对话框设置

第五步，单击图 2.43 中的 Build 按钮，弹出对话框，在与 Assets 文件夹相同的目录下创建一个名为 App 的文件夹，然后给将要导出的 App 命名为 "生化危机"，单击 "保存" 按钮。经过一段时间后，会得到 "生化危机 .apk" 文件。将该文件复制到手机上并安装，然后在手机上运行该游戏进行测试。

注意：如果使用中文字符 "生化危机" 并在导出过程中出错，请将名称修改为 Biohazard 或其他英文名称。导出文件路径中不能有中文字符。

2.7　小结

本章我们学习了 Panel、Image、Button 等对象的使用方法，并且将 UGUI 控件的响应组件与 C# 脚本的响应函数关联起来，实现了交互功能。通过本章的学习，我们完成了游戏 UI 框架的搭建和功能实现。

2.8　作业

① 尝试将游戏的几个背景图换成其他图片。

② 尝试将游戏中按钮上的文字删除，用合适的按钮图片代替。

③ 尝试增加关卡数量。

第 3 章

游戏中的用户界面

在上一章我们完成了游戏开始、退出和关卡选择相关内容的设计和制作，本章我们将设计和制作进入游戏关卡后的相关内容。在我们设计的游戏关卡场景中，主要包含游戏运行时的用户界面（UI），玩家控制的游戏角色，游戏场景对象（包括地面、建筑、车辆、道具等）和游戏中的敌人 NPC 等。本章我们主要学习设计和完成游戏运行时的用户界面。

3.1   游戏中用户界面设计

参考目前主流的手机 FPS 游戏，我们的 FPS 游戏在运行时的 UI 设计如图 3.1 所示。

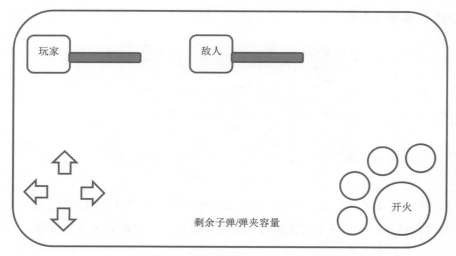

图 3.1   FPS 游戏在运行时的 UI 设计

开火按钮周围有四个按钮，其中最上边按钮的功能是填充子弹，其余三个按钮用来切换武器。本游戏中设计了三种武器：手枪、冲锋枪和来复枪。这三个按钮上除显示对应的武器图标外，还会显示对应武器剩余的总子弹量，该数字在图 3.1 中并未表现出来。

根据我们设计的游戏运行 UI，将其分解为移动功能区域、瞄准功能区域、射击功能区域、子弹提示区域和头像能量条区域。

3.1.1　移动功能区域

移动功能区域包含四个方向按钮，用来控制游戏角色在游戏场景中的移动。下面，我们用 Unity3D 来制作移动功能区域 UI。

第一步，在编辑器中打开 Level1 场景，选择菜单命令"GameObject—UI—Panel"，创建一个 Panel 对象，将其重命名为"运动控制器"。使用缩放工具将该 Panel 对象缩放到适当大小，然后将其放置在游戏屏幕的左下角。将Panel 对象的 Color 属性的透明度设置为 0。

第二步，将"运动控制器"作为父对象，为其创建一个 Image 类型的子对象，将该对象重命名为"前进"。在 Inspector 选项卡下将该对象的 Image组件的 Source Image 属性指定为"Assets/MyFPSGame/UI/ 按钮 / 移动按钮.png"，如图 3.2 所示。

图 3.2　移动按钮背景图片设置

第三步，复制"前进"对象，粘贴出三个对象，分别重命名为"后退""左移""右移"。将这三个对象放置在合适的位置上，结构如图 3.3 所示。

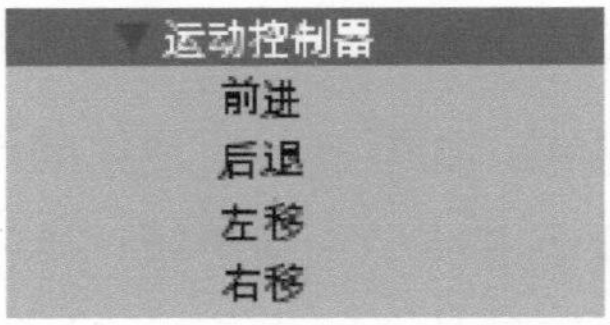

图 3.3　运动控制器对象结构图

第四步，选择"后退"对象，在 Inspector 选项卡下将 Rect Transform 组件下的 Rotation 属性中的 Z 值修改为 180。将"左移"对象对应的 Z 值修改为 90，"右移"对象对应的 Z 值修改为 –90，最终结果如图 3.4 所示。

图 3.4　移动功能区域 UI 最终结果

注意：这里只制作了一个箭头图标，通过旋转使其显示不同方向。

3.1.2　瞄准功能区域

瞄准功能区域包含一个十字准星对象和一个看不见的（透明度为 0）Panel 对象。Panel 对象的功能是，玩家用手指触碰该对象并滑动，来控制玩家转动视角。下面，我们用 Unity 编辑器制作瞄准功能区域 UI。

第一步，选择菜单命令"GameObject—UI—Image"创建一个 Image 组件，将其重命名为"准星"。设置其属性，PosX = 0，PosY = 0，PosZ = 0；Width = 100，Height = 100。设置其 Source Image 属性为"Assets/MyFPSGame/ UI/按钮 / 准星".png"，如图 3.5 所示。

图 3.5　准星背景图片设置

第二步，选择菜单命令"GameObject—UI—Panel"，创建一个 Panel 对象，将其重命名为"转动视角"，使用缩放工具将其适当缩放，然后将其 Color 属性的透明度设置为 0。

第三步，在 Hierarchy 选项卡下，将"转动视角"对象通过拖曳的方式，放置在 Canvas 子对象的第一位，结构如图 3.6 所示。

图 3.6　Canvas 下功能区的结构图

注意：Canvas 所有子对象是按照由上到下的顺序进行绘制的，位置靠下的绘制对象会遮挡住上面绘制完毕的对象，同时也会遮挡住上面对象的功能，因此我们将"转动视角"对象放置在 Canvas 对象下的最上边的位置。

3.1.3　射击功能区域

射击功能区域由一个 Panel 类型的父对象和五个子对象组成，其中一个是 Image 组件，实现射击的功能。通常在类似的游戏中，按住射击按钮将会实现连续射击，所以这里选择使用 Image 组件，而不使用 Button 组件。其余四个子对象是 Button 组件，一个的功能是填充子弹，另外三个的功能是切换武器。同时，切换武器的三个图标上显示对应武器剩余子弹总数。下面我们用 Unity 编辑器制作射击功能区域 UI。

第一步，选择菜单命令"GameObject—UI—Panel"，创建一个 Panel 对象，将其重命名为"射击功能区"。使用缩放工具将该 Panel 缩放到适当大小，然后将其放置在游戏屏幕的右下角，将其 Color 属性中的透明度设置为 0。

第二步，在 Hierarchy 选项卡下选择"射击功能区"对象，为其创建一个 Image 组件，将其 Source Image 属性设置为"Assets/MyFPSGame/UI/ 子弹图标 / 子弹.png"，将其重命名为"射击"，然后移动到合适的位置。

　　第三步，将"射击功能区"对象作为父对象，为其创建一个 Button 组件，将其 Source Image 属性设置为"Assets/MyFPSGame/UI/ 子弹图标 / 子弹填充.png"，将其重命名为"装填"，然后移动到"射击"对象上方合适的位置。

　　第四步，复制"装填"对象并粘贴出一个新的对象，将这个对象重命名为"手枪"，并将其从"装填"对象的位置移开。

　　第五步，选择"手枪"对象，单击鼠标右键，选择菜单命令"UI—Text"，为手枪对象创建一个 Text 组件，将该组件重命名为"手枪子弹数"。选择"手枪子弹数"组件，在 Inspector 选项卡中，修改其 Text 属性，结果如图 3.7 所示。

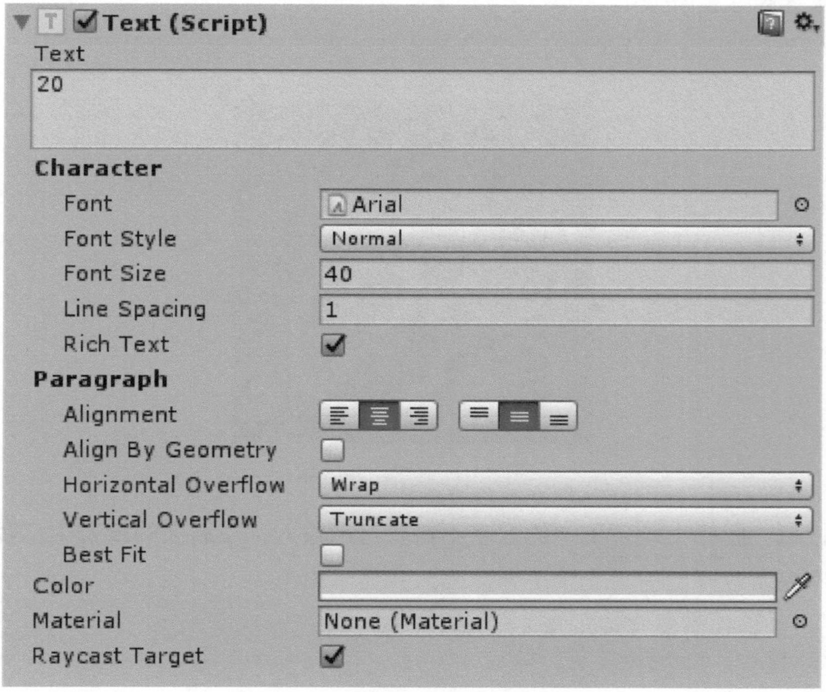

图 3.7　Text 组件属性设置

　　第六步，选择"手枪"对象，使用复制、粘贴命令，粘贴出另外两个对

象副本，分别将它们重命名为"冲锋枪"和"来复枪"，同时将它们对应的
Source Image 属性设置为"冲锋枪 .png"和"来复枪 .png"，将这两张图片
保存在"Assets/MyFPSGame/UI/ 武器图标"文件夹中，再将它们两个对象的
Text 组件分别重命名为"冲锋枪子弹数"和"来复枪子弹数"，如图 3.8 所示。

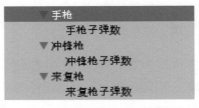

图 3.8　手枪对象下的对象结构

第七步，移动冲锋枪和来复枪图标的位置，使其环绕在射击按钮旁边，最
终结果如图 3.9 所示。

图 3.9　射击功能区域

注意：图标上剩余子弹的数字不需要自己输入，在后面的章节中，我们会
用程序在游戏开始前将剩余子弹数读入并显示出来。

3.1.4　子弹提示区域

子弹提示区域由一个 Panel 类型的父对象和一个 Text 组件组成。Text 组
件的功能是显示当前正在使用的武器的剩余子弹量和弹夹总容量。

第一步，选择菜单命令"GameObject—UI—Panel"，创建一个 Panel 类型的对象，将其重命名为"子弹提示区"。使用缩放工具将该 Panel 对象缩放到适当大小，然后将其放置在游戏屏幕的下方中间位置，将其 Color 属性中的透明度设置为 0。

第二步，将"子弹提示区"对象作为父对象，为其创建一个 Text 组件，将其重命名为"剩余子弹量"，调整其 Font Size 属性，并设置一个合适的颜色，这里设置为蓝色。

3.1.5　头像能量条区域

头像能量条区域包含玩家头像能量条区域和敌人头像能量条区域。

（1）玩家头像能量条区域

玩家头像能量条区域由一个 Panel 类型的父对象、一个 Image 组件和一个 Slider 组件组成。其中，Image 组件的功能是显示玩家头像图标，Slider 组件的功能是显示玩家能量条。

第一步，选择菜单命令"GameObject—UI—Panel"，创建一个 Panel 类型的对象，将其重命名为"玩家信息区"。使用缩放工具将该 Panel 对象缩放到适当大小，然后将其放置在游戏屏幕的左上方位置，将其 Color 属性中的透明度设置为 0。

第二步，将"玩家信息区"对象作为父对象，为其创建一个 Image 组件，将其 Source Image 属性设置为"Assets/MyFPSGame/UI/ 玩家头像 / 玩家头像 .png"，将其重命名为"玩家头像"，然后移动到合适的位置。

第三步，将"玩家信息区"对象作为父对象，为其创建一个 Slider 组件，将其重命名为"玩家能量条"。移动其位置，将其放置在"玩家头像"右侧，使用缩放工具调整其尺寸，直至满意为止。

第四步，选择其子对象 Handle Slider Area，使用 Delete 键将该对象删掉。

选择 Background 对象，将其 Color 属性设置为红色。找到并选择 Fill Area 的子对象 Fill，将其 Color 属性设置为黄色。

第五步，使用点缩放工具，如图 3.10 所示，调整 Fill 对象的左右位置与 Fill Area 对象一致，Fill 对象能覆盖住 Fill Area 对象，结果如图 3.11 所示。

图 3.10　点缩放工具

图 3.11　Fill 对象的最终结果

制作完毕后，玩家头像能量条区域的最终效果如图 3.12 所示。

图 3.12　玩家头像能量条区域最终效果

（2）敌人头像能量条区域

敌人头像能量条区域由一个 Panel 类型的父对象、一个 Image 组件和一个 Slider 组件组成。其中，Image 组件的功能是显示敌人头像图标，不同敌人对应不同的头像，Slider 组件的功能是显示敌人能量。

第一步，复制"玩家信息区"并粘贴出一个副本对象，将其移动到游戏屏幕中间上方位置，重命名为"敌人信息区"。

第二步，将 Image 组件"玩家头像"重命名为"敌人头像"，将 Slider 组件"玩家能量条"重命名为"敌人能量条"。

第三步，将 Image 组件的 Source Image 属性设置为 None，如图 3.13 所示。

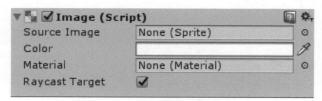

图 3.13　敌人头像背景图片设置

敌人头像能量条区域的最终效果如图 3.14 所示。

图 3.14　敌人头像能量条区域最终效果

这里没有指定敌人头像图片，我们会在后面的学习中，用代码的方式动态显示和改变敌人头像。

经过上述操作，我们就完成了游戏运行时 UI 界面中各个对象的创建和布局。下一节，我们来编写代码实现相关的游戏功能。

3.2　移动功能实现

在我们设计的游戏中，移动的是玩家角色，控制移动的是方向按钮，因此，我们需要为玩家创建一个虚拟角色化身，创建并编写玩家角色移动的代码。然后再创建和编写用方向按钮控制角色移动的响应代码。

3.2.1　玩家化身创建

我们设计的游戏不需要看到玩家角色本身，因此只需要创建一个胶囊体代表玩家角色。

第一步，选择菜单命令“GameObject—3D Object—Capsule”，创建一个对象，将其重命名为“Player”，在其名字下方的Tag下拉列表中选择Player选项，如图3.15所示。

Inspector
Player
Static
Tag
Player
Layer
Default

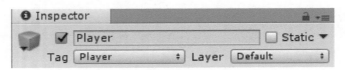

图3.15　Player的Tag属性设置

注意：使用Tag的优点是在游戏场景中使用程序寻找某个游戏对象时会大大提高效率。

第二步，将场景中的Main Camera对象拖到Player对象下成为其子对象，调整Main Camera位置，参考值如图3.16所示。

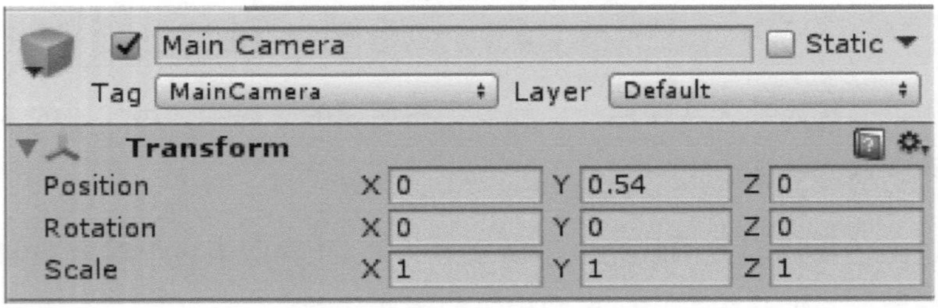

Main Camera
Static
Tag
MainCamera
Layer
Default
Transform
Position X 0 Y 0.54 Z 0
Rotation X 0 Y 0 Z 0
Scale X 1 Y 1 Z 1

图3.16　Main Camera相关参数设置

第三步，在“Assets/MyFPSGame/脚本”文件夹下，新建一个名为Player的C#脚本，脚本的内容如下：

```
/************************************************************************
 *   功能：游戏角色脚本                                                  *
 ***********************************************************************/
using System.Collections;
using System.Collections.Generic;
using UnityEngine;
using UnityEngine.UI;
using UnityEngine.SceneManagement;
namespace MyFPSGame           //命名空间
{
    public class Player : MonoBehaviour
```

```
    {
        public enum direction {STOP, FORWARD, BACK, LEFT, RIGHT};
        public direction dir;                   //玩家移动方向
        public float speed;                     //玩家移动速度
        public GameObject cam;                  //玩家摄像头

        void Start()
        {
            //ReadConfig();                      //读入 Config 数据
            //InitPlayer();                      //初始化玩家
            cam = GameObject.FindGameObjectWithTag("MainCamera");
            //找到玩家摄像头
            speed = 2;
        }

        void Update()
        {
            Move(dir);                          //玩家移动
        }

        public void Move(direction dir)         //【函数】玩家移动
        {
            switch (dir)                         //判断 dir 值
            {
                case direction.STOP:             //停止移动
                    break;

                case direction.FORWARD:          //方向：前进
                    transform.Translate(transform.forward * speed *
Time.deltaTime, Space.World);

                    break;
                case direction.BACK:            //方向：后退
                    transform.Translate(-transform.forward * speed *
Time.deltaTime, Space.World);
                    break;
                case direction.LEFT:            //方向：左移
                    transform.Translate(-transform.right * speed *
Time.deltaTime, Space.World);
                    break;
                case direction.RIGHT:           //方向：右移
                    transform.Translate(transform.right * speed * Time.
deltaTime, Space.World);
                    break;
                default:                         //其他
                    break;
            }
        }
        public void BodyRotate(float rotY)      //【函数】玩家（左右）转动身体
        {
            transform.Rotate(0, rotY, 0);  //绕 Y 轴旋转
```

```
        }
        public void CamRotate(float rotX)        //【函数】摄像头（上下）转动
        {
            cam.transform.Rotate(-rotX, 0, 0);// 绕 X 轴旋转
        }
    }
}
```

将 Player.cs 文件拖到 Hierarchy 选项卡下的 Player 上成为其组件。

3.2.2 UI 控制器

我们将所有按钮的交互都放在统一的一个空对象上，这样比较方便管理。

第一步， 选择菜单命令 "GameObject—Create Empty"，创建一个空对象，将其重命名为 "按钮控制器"。

第二步， 在 "Assets/MyFPSGame/ 脚本" 文件夹下，新建一个名为 GameUI 的 C# 脚本。脚本的内容如下：

```
/*****************************************************************
 *    功能: 游戏 UI 脚本                                          *
 *****************************************************************/
using System.Collections;
using System.Collections.Generic;
using UnityEngine;
using UnityEngine.UI;
namespace MyFPSGame              // 命名空间
{
    public class GameUI : MonoBehaviour
    {
        public GameObject player;            // 玩家游戏对象

        // Use this for initialization
        void Start()
        {
            player = GameObject.FindGameObjectWithTag("Player");
        // 找到玩家对象
        }

        // 移动函数
        public void Button_Move(string dir) //【按钮】 移动按钮
        {
            var e = System.Enum.Parse(typeof(Player.direction), dir);
            // 移动按钮，传入字符串变量，转换为枚举变量
            player.GetComponent<Player>().dir = (Player.direction) e;
```

```
    // 玩家移动方向赋值
    }

    public void Button_Drag()    //【按钮】拖曳函数
    {
        float x = Input.GetAxis("Mouse X");
        // 获得 X 轴输入值
        player.GetComponent<Player>().BodyRotate(x);
        // 玩家身体左右转动
        float y = Input.GetAxis("Mouse Y");
        // 获得 Y 轴输入值
        player.GetComponent<Player>().CamRotate(y);
        // 玩家摄像机上下转动
    }
}
}
```

第三步，在 Hierarchy 选项卡下选择"前进"对象，选择菜单命令"Component—Event—Event Trigger"，使用两次该命令添加两个 Event Trigger 组件，如图 3.17 所示。

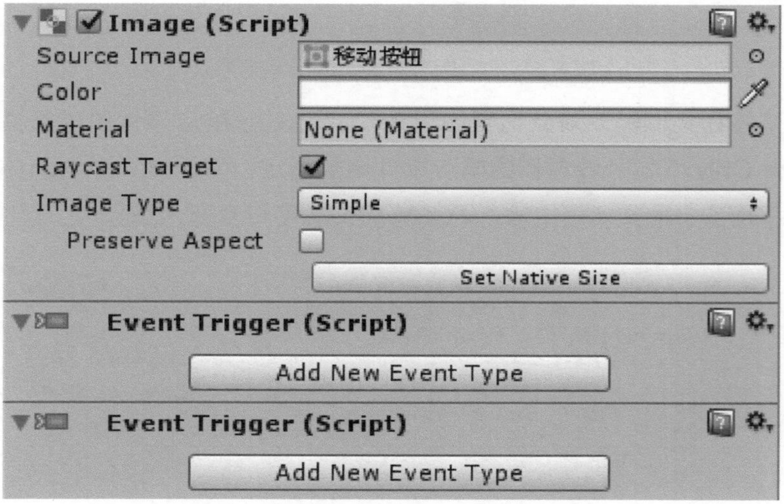

图 3.17　添加两个 Event Trigger 组件

第四步，单击第一个 Add New Event Type 按钮，添加 PointerDown 监听事件，如图 3.18 所示。

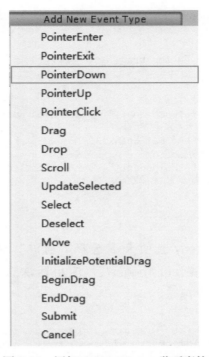

图 3.18　添加 PointerDown 监听事件

将"按钮控制器"对象拖到如图 3.19 所示的该响应事件的对象栏处，将 Runtime Only 下拉列表右侧的响应事件函数指定为 GameUI.Button_Move，然后在下面空白的文本框中输入 FORWARD，字母全部大写。

图 3.19　PointerDown 监听事件设置

注意：PointerDown 监听事件会提供持续的响应，只要玩家手指按住按钮不松开，GameUI.Button_Move 函数每一帧都会执行，玩家角色将会持续移动。

第五步，单击第二个 Add New Event Type 按钮，添加 PointerUp 监听事件，如图 3.20 所示。

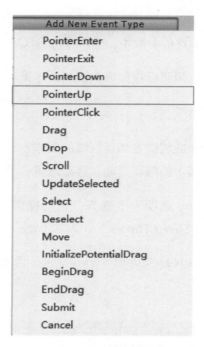

图 3.20　添加 PointerUp 监听事件

　　将"按钮控制器"对象拖到该响应事件的对象栏处，将响应事件函数指定为 GameUI.Button_Move，在下面空白的文本框中输入 STOP，字母全部大写，结果如图 3.21 所示。

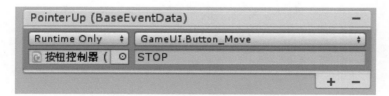

图 3.21　PointerUp 监听事件设置

　　第六步，按照上述的操作，对其余的三个移动按钮全都分别添加两个 Event Trigger 组件。在 PointerDown 监听事件的参数中，输入对应的参数如下：

　　后退：BACK；
　　左移：LEFT；

右移：RIGHT。

在 PointerUp 监听事件的参数中，输入参数 STOP，字母全部大写。

第七步， 运行游戏，用鼠标按住方向键测试效果。

3.2.3　瞄准功能区域

这一节，我们一起来完成瞄准功能区域的制作。瞄准功能区域要实现的任务是通过手指在手机屏幕上的触摸滑动，移动准星。

第一步， 在 Hierarchy 选项卡下选择"转动视角"对象，选择菜单命令"Component—Event—Event Trigger"，为其添加一个 Event Trigger 组件。

第二步， 单击 Add New Event Type 按钮，添加 Drag 监听事件，如图 3.22 所示。

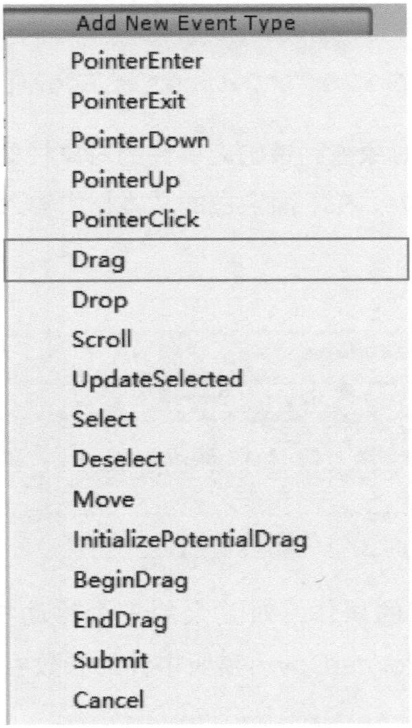

图 3.22　添加 Drag 监听事件

将"按钮控制器"对象拖到该响应事件的对象栏处，将响应事件函数指定为 GameUI.Button_Drag，结果如图 3.23 所示。

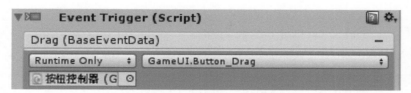

图 3.23　Drag 监听事件设置

第三步，运行游戏，在准星附近按住鼠标左键并移动鼠标，测试效果。

3.2.4　射击功能区域

这一节，我们来完成射击功能区域的制作。射击功能区域的制作包括两部分：UI 按钮响应和武器子弹管理。我们将这两部分工作分开进行，保持相对独立，避免将来升级功能时出现问题。

由于 UI 响应事件需要用到武器子弹管理方面的内容，所以我们先实现武器子弹的功能。本游戏中，我们设计了三种武器，不同武器有不同的属性，比如子弹伤害值、弹夹总容量、弹夹剩余子弹量、剩余子弹总量、射击间隔、射击音效等，管理这些内容比较好的方法是先创建一个专门保存各种数据的配置文件，在游戏开始运行的时候，使用程序将配置文件中的数据读入，然后再对游戏对象进行初始化赋值。这样操作的优点很多，方便我们管理数据和修改数据。

（1）配置文件

第一步，在 Scripts 文件夹中新建一个 C# 脚本文件，将其命名为 Config.cs，代码如下：

```
/************************************************************
 *    功能：所有数据集合                                      *
 ************************************************************/

using UnityEngine;
using UnityEngine.UI;
```

```
namespace MyFPSGame            // 命名空间
{

    public class Config : MonoBehaviour
    {
        /* 以下是子弹数组，保存子弹相关数据 */
        public int[] m_bullet_curNum = {5,30,10};
        // 每种武器当前弹夹剩余子弹量
        public int[] m_bullet_fullNum= {5,30,10};
        // 每种武器当前弹夹总容量
        public int[] m_bullet_totalNum = {20,60,15 };
        // 每种武器当前剩余子弹总量
        public float[] m_bullet_curInterval = {0.3f,0.1f, 3f };
        // 每种武器射击间隔
        public float[] m_bullet_curDamage = {1,2,3 };
        // 每种武器子弹伤害值
        public AudioSource[] m_gunShot;
        // 每种武器射击音效
        /* 以上是子弹数组，保存子弹相关数据 */
    }
}
```

第二步， 返回到 Unity 编辑器中，选择菜单命令"GameObject—Create Empty"，创建一个空对象，将其重命名为"配置文件"，然后将 Config.cs 文件拖到"配置文件"对象上。

第三步， 在右侧的 Inspector 选项卡下选择 Config 组件，可以查看每个属性的数据。

第四步， 找到 Gun Shot 属性，单击其左侧的小箭头，将会在其下方出现 Size 文本框。在 Size 文本框中输入数字 3，将会在其下方出现 Element 0、Element 1 和 Element 2 三个字段，如图 3.24 所示。

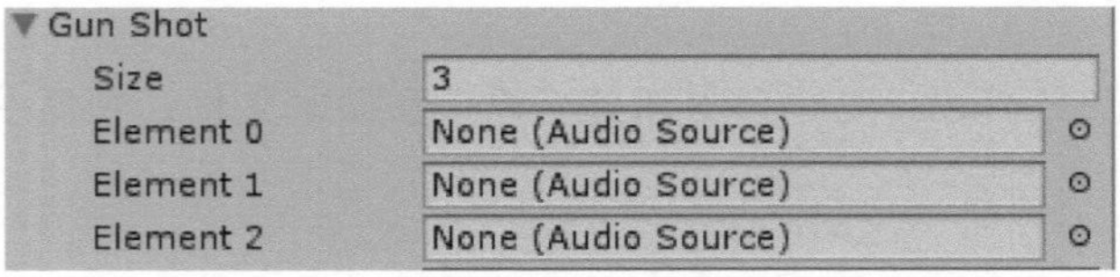

▼ Gun Shot		
Size	3	
Element 0	None (Audio Source)	○
Element 1	None (Audio Source)	○
Element 2	None (Audio Source)	○

图 3.24 Gun Shot 属性

接下来，我们要为这三个字段分别指定三个声音对象。

第五步， 在 Hierarchy 选项卡下，选择菜单命令"GameObject—Create

Empty"，新建一个空对象，将其重命名为"音效"。

第六步，将"Assets/MyFPSGame/ 声音"文件夹下的"手枪音效""冲锋枪音效"和"来复枪音效"三个声音文件，全部拖到 Hierarchy 选项卡下刚刚创建好的"音效"对象下，成为"音效"对象的子对象，如图 3.25 所示。

图 3.25　Hierarchy 选项卡下的"音效"对象

第七步，将每个"音效"对象的 Audio Source 组件中的 Play On Awake 属性后面的 ☑ 取消。

第八步，选择"配置文件"对象，在 Hierarchy 选项卡下，将"音效"对象下面的"手枪音效""冲锋枪音效"和"来复枪音效"子对象，分别拖到 Gun Shot 属性下的 Element 0、Element 1 和 Element 2 右边的对象栏中，结果如图 3.26 所示。

图 3.26　音效配置结果

（2）子弹管理

第一步，选择菜单命令"GameObject—Create Empty"，新建一个空对象，将其重命名为"子弹管理器"。

第二步，新建一个名为 Bullets.cs 的脚本，编写代码，代码如下：

```
/************************************************************
 *    功能：子弹集合                                          *
 ************************************************************/
using System.Collections;
```

```
using System.Collections.Generic;
using UnityEngine;
using UnityEngine.UI;
namespace MyFPSGame                          // 命名空间
{
    public class Bullets : MonoBehaviour
    {

        // 子弹信息数组
        public int[] bullet_curNum;          // 每种武器当前弹夹剩余子弹量
        public int[] bullet_fullNum;         // 每种武器当前弹夹总容量
        public int[] bullet_totalNum;        // 每种武器当前剩余子弹总量
        public float[] bullet_curInterval;   // 每种武器射击间隔
        public float[] bullet_curDamage;     // 每种武器当前子弹伤害值
        public AudioSource[] bullet_gunShot; // 每种武器射击音效

        // 当前使用子弹信息
        public int curNum;                   // 当前弹夹子弹量
        public int fullNum;                  // 当前弹夹总容量
        public int totalNum;                 // 当前剩余子弹总量
        public int curId;                    // 当前子弹 ID
        public float curInterval;            // 射击间隔，不同子弹间隔不同
        public float curDamage;              // 当前子弹伤害值
        public AudioSource curgunShot;

        public Text bulNum;                  // 显示剩余子弹量文本框

        public Text total_Pistol;            // 显示手枪剩余子弹总量
        public Text total_tommygun;          // 显示冲锋枪剩余子弹总量
        public Text total_rifle;             // 显示来复枪剩余子弹总量

        // 私有变量
        private bool isFire;                 // 是否射击
        private float delTime;               // 两次射击间的累积时间
        public GameObject zombieInfomation;  // 敌人信息区
        public GameObject flash;             // 子弹击中物体的粒子对象
        public GameObject flashPrefab;       // 粒子对象预制体


        // Use this for initialization
        void Start()
        {
            ReadConfig();          // 读入配置文件（Config.cs 文件）
            InitBullet(0);         //ID 为 0 的子弹信息初始化
        }

        // Update is called once per frame
        void Update()
        {
```

```csharp
        if (isFire)                            // 射击为真
        {
            if (delTime == 0)                  // 累积时间为 0
            {
                Fire();                        // 射击
            }
            delTime += Time.deltaTime;         // 累积时间增加
            if (delTime >= curInterval)        // 当累积时间 >= 射击间隔时
            {
                delTime = 0;                   // 累积时间为 0
            }
        }
        bulNum.text = curNum.ToString() +
            " / " +fullNum.ToString();
        // 显示"当前弹夹剩余子弹量 / 弹夹总容量"

        total_Pistol.text = bullet_totalNum[0].ToString();
        total_tommygun.text = bullet_totalNum[1].ToString();
        total_rifle.text = bullet_totalNum[2].ToString();


    }
    public void ReadConfig()                   // 【函数】读入配置文件内容
    {
        var config = GameObject.Find("配置文件");
        // 找到配置文件对象
        int count = config.GetComponent<Config>().m_bullet_curNum.
Length;

        // 配置文件中的子弹信息数组长度
        bullet_curNum = new int[count];              // 初始化数组长度
        bullet_fullNum = new int[count];             // 初始化数组长度
        bullet_totalNum = new int[count];            // 初始化数组长度
        bullet_curInterval = new float[count];       // 初始化数组长度
        bullet_curDamage = new float[count];         // 初始化数组长度
        bullet_gunShot = new AudioSource[count];     // 初始化数组长度

        Debug.Log(count);
        // 将 config.cs 中的信息读入
        for (int i = 0; i < count; i++)
        {
            bullet_curNum[i] =
                    config.GetComponent<Config>().m_bullet_curNum[i];
            bullet_fullNum[i] =
                    config.GetComponent<Config>().m_bullet_fullNum[i];
            bullet_totalNum[i] =
                    config.GetComponent<Config>().m_bullet_totalNum[i];
            // 每种武器当前剩余子弹总量
            bullet_curInterval[i] =
                    config.GetComponent<Config>().m_bullet_curInterval[i];
            bullet_curDamage[i] =
```

```
                        config.GetComponent<Config>().m_bullet_curDamage[i];
            bullet_gunShot[i] =
                config.GetComponent<Config>().m_gunShot[i];
        }
    }

    public void InitBullet(int id)
    // 【函数】通过 id 将对应数组中的子弹信息写入当前子弹信息
    {
        curNum = bullet_curNum[id];
        fullNum = bullet_fullNum[id];
        totalNum = bullet_totalNum[id];
        curInterval = bullet_curInterval[id];
        curDamage = bullet_curDamage[id];
        curgunShot = bullet_gunShot[id];
        curId = id;                    // 当前子弹 ID
    }

    public void SaveBullet(int id)
    // 【函数】当前子弹信息写入对应 ID 的数组中
    {
        bullet_curNum[id] = curNum ;
        bullet_fullNum[id] = fullNum ;
        bullet_totalNum[id] = totalNum ;
        bullet_curInterval[id]= curInterval ;
        bullet_curDamage[id] = curDamage;
        bullet_gunShot[id] = curgunShot;
    }

    public void BeginFire()          // 【函数】开始射击
    {
        isFire = true;
    }
    public void StopFire()           // 【函数】停止射击
    {
        isFire = false;
        delTime = 0;                 // 累计时间 =0
    }
    public void Reload()             // 【函数】装填子弹
    {
        int bul = curNum + totalNum;
    // 当前弹夹剩余子弹量 + 当前剩余子弹总量
        if( bul >= fullNum)          // 如果大于弹夹总容量
        {
            curNum = fullNum;        // 当前弹夹剩余子弹量 = 弹夹总容量
            totalNum = bul - fullNum;
    // 当前剩余子弹总量 = bul- 弹夹总容量
        }
        else
        {
            curNum = bul;
    // 当前弹夹剩余子弹量 = 当前弹夹剩余子弹量 + 当前剩余子弹总量
```

```
                totalNum = 0;                    // 当前剩余子弹总量 =0;
            }
            SaveBullet(curId);

        }
        public void Fire()                       //【函数】射击函数
        {
            if(curNum == 0)                      // 如果当前弹夹剩余子弹量 =0
            {
                Debug.Log("请装填子弹！");
                return;
            }
            curNum--;                            // 当前弹夹剩余子弹量 -1
            Debug.Log("剩余" + curNum + "子弹。");
            curgunShot.Play();                   // 播放枪声
        }
    }
}
```

第三步，在 Hierarchy 选项卡下，找到并选择"射击"对象，为该对象添加 Event Trigger 组件。单击三次 Add New Event Type 按钮，依次添加 PointerDown、PointerUp 和 Drag 监听事件，然后为这些事件指定如图 3.27 所示的响应事件函数。

图 3.27　"射击"对象的 Event Trigger 组件设置

注意：在按钮上添加 GameUI.Button_Drag 函数的目的是，玩家在使用冲锋枪时，按住射击按钮，不仅可以连续射击，还可以通过移动手指实现一边射击，一边瞄准。

第四步，选择"填弹"对象，在 On Click() 下单击"+"按钮，添加响应事件，并为该事件指定 Bullets.Reload 函数，如图 3.28 所示。

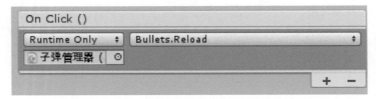

图 3.28　"填弹"对象响应事件设置

第五步，选择"手枪"对象，在 On Click() 下单击"+"按钮，添加响应事件，并为该事件指定 GameUI.Button_ChangeBullet 函数，然后在文本框中输入 0，如图 3.29 所示。

图 3.29　"手枪"对象响应事件设置

第六步，选择"冲锋枪"对象，在 On Click() 下单击"+"按钮，添加响应事件，并为该事件指定 GameUI.Button_ChangeBullet 函数，然后在文本框中输入 1，如图 3.30 所示。

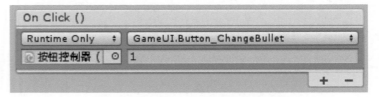

图 3.30　"冲锋枪"对象响应事件设置

第七步，选择"来复枪"对象，在 On Click() 下单击"+"按钮，添加响应事件，并为该事件指定 GameUI.Button_ChangeBullet 函数，然后在文本框中输入 2，如图 3.31 所示。

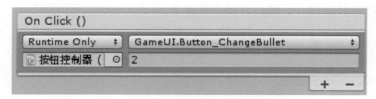

图 3.31　"来复枪"对象响应事件设置

注意：这里输入的参数代表不同类型的武器，0 代表手枪，1 代表冲锋枪，2 代表来复枪。

3.2.5　剩余子弹区域

在 Hierarchy 选项卡下选择"子弹管理器"对象，将其 Bullets 组件下的 Bul Num 属性指定为 Hierarchy 选项卡下的"剩余子弹量"对象。

3.2.6　玩家头像区域

玩家头像区域包含一张玩家头像图片和一个显示玩家能量的 Slider 组件，该部分内容安排在第 4 章实现。

完成上述工作后，我们将现有内容导出为 apk 文件，然后安装到手机上，运行游戏，测试效果。

3.3　小结

本章我们设计了进入游戏关卡后的 UI 界面布局，学习了 UGUI 中的 Text 和 Slider 组件的用法，还学习了 Trigger Event 组件及其响应事件的使用方法。

3.4　作业

① 修改 Player.cs 文件中的代码，限制摄像机上下转角最大值。

② 修改武器图片，换成其他武器图片。

③ 修改准星图片，换成其他准星图片。

④ 修改移动按钮图片，换成其他图片。

第 4 章

敌人设计和制作

本章我们来完成游戏中出现的敌人 NPC 的设计和制作工作。首先，将"随书资源 / 资源包"文件夹中的 Toon Zombies Pack.unitypackage 导入游戏工程中。该资源包为我们提供了 20 种敌人模型和 17 个骨骼动画，包括空闲、行走、奔跑、攻击及死亡等动画。

注意：该资源包是从 Unity 官方网站上的 AppStore 资源商店中下载的，并可免费使用。AppStore 包含丰富的游戏资源，并且很多资源是免费的，读者应该时不时地访问一下 AppStore，寻找合适的资源并运用在我们的游戏中。

本游戏中主要出现两种敌人，一种是普通敌人，另一种是 Boss 敌人。普通敌人采用"Toon_Zombies/models"文件夹下的 Zombie_01_Tshirt 模型，Boss 敌人采用"Toon_Zombies/models"文件夹下的 Zombie_20_brown 模型。

4.1 敌人 NPC 设计

普通敌人的相关设计内容如表 4.1 所示。

表 4.1 普通敌人的相关设计内容

能量	攻击力	打中头部系数	行走速度	奔跑速度	模型数据
5	1	4	0.6	1.2	Zombie_01_Tshirt

Boss 敌人的相关设计内容如表 4.2 所示。

表 4.2 Boss 敌人的相关设计内容

能量	攻击力	打中头部系数	行走速度	奔跑速度	模型数据
30	3	3	1	2	Zombie_20_brown

其中，打中头部系数表示敌人头部被击中时产生的伤害加成。

4.2　普通敌人制作

4.2.1　模型 Rig 化

由于该资源包是在 Unity 4.0 版本之前发布的，其模型的骨骼系统还未进行 Rig 化操作，因此，先对其进行 Rig 化操作。

第一步，在 Project 选项卡下找到并选择 Zombie_01_Tshirt 对象，在 Inspector 选项卡下，选择 Rig 选项卡，将 Animation Type 指定为 Humanoid，将 Avatar Definition 指定为 Create From This Model，如图 4.1 所示。

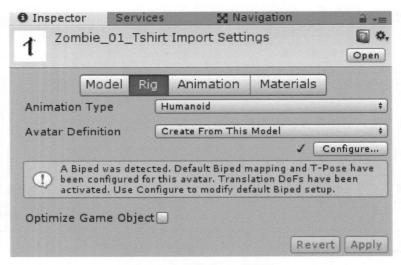

图 4.1　角色模型 Rig 化操作

第二步，单击 Apply 按钮，当 Configure 按钮前面出现√时，如图 4.1 所示，表明角色模型 Rig 化操作成功。

注意：Unity 在 4.0 版本之后开始使用新的动画系统来控制和播放骨骼动画，这套系统采用状态机的模式处理动画和动画之间的过渡。

4.2.2　骨骼动画 Rig 化

我们设计的敌人包括 Idle（空闲）、Walk（行走）、Run（奔跑）、Attack（攻击）和 Dead（死亡）等状态，其状态机及过渡状态相关内容如表 4.3 所示。

表 4.3　敌人状态机及过渡状态相关内容

状态机	Idle	Walk	Run	Attack	Dead
动画文件	TZ_calm-A_idle_A	TZ_calm_A_walk	TZ_aggresive_run_A	TZ_aggresive_attack_A	TZ_death_A
参数 1	BeAttack(T)	Walk(F)	BeAttack(F)	Attack（F）	Dead（T）
过渡状态 1	Run	Idle	Idle	Run	—
参数 2	Walk(T)	BeAttack(T)	Attack(T)	—	—
过渡状态 2	Walk	Run	Attack	—	—

　　由于上述骨骼动画未进行 Rig 化操作，因此需要我们在 Unity 编辑器中对它们进行 Rig 化操作，才可以在角色模型身上使用该骨骼动画。

　　第一步，在“Assets/Toon_Zombies/animation”文件夹下选择 TZ_calm-A_idle_A 文件，在 Inspector 选项卡下选择 Rig 选项卡，将 Animation Type 指定为 Humanoid，将 Avatar Definition 指定为 Create From This Model，如图 4.2 所示，单击 Apply 按钮，当 Configure 按钮前面出现√时，表明骨骼动画 Rig 化操作成功。

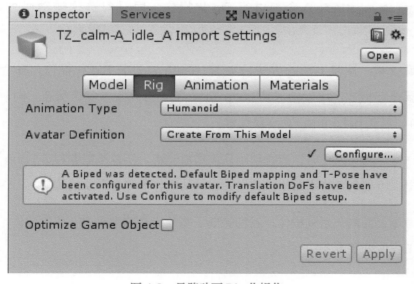

图 4.2　骨骼动画 Rig 化操作

第二步，选择 Animation 选项卡，勾选动画窗格中的 Loop Time 复选框，如图 4.3 所示，其余选项默认。

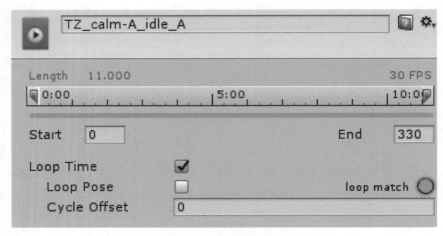

图 4.3　动画属性设置

注意：勾选了 Loop Time 复选框，在游戏运行时，该动画就会循环播放。

第三步，按照上面的方法，将 TZ_calm_walk、TZ_aggresive_run_A 和 TZ_aggresive_attack_A 全部进行 Rig 化操作，同时勾选这些动画的 Loop Time 复选框。

第四步，按照上面的方法，将 TZ_death_A 进行 Rig 化操作，死亡动画不需要循环播放，所以确保其 Loop Time 复选框处于未勾选状态。同时按照图 4.4，勾选 Bake Into Pose 复选框。

注意：角色死亡时，死亡动画只需播放一次，所以不需要勾选 Loop Time 复选框，否则角色将不断播放倒地死亡的动画，不符合游戏的逻辑。

通过上面的一系列操作，我们完成了将敌人骨骼动画 Rig 化的工作，为后面的工作做好了准备。

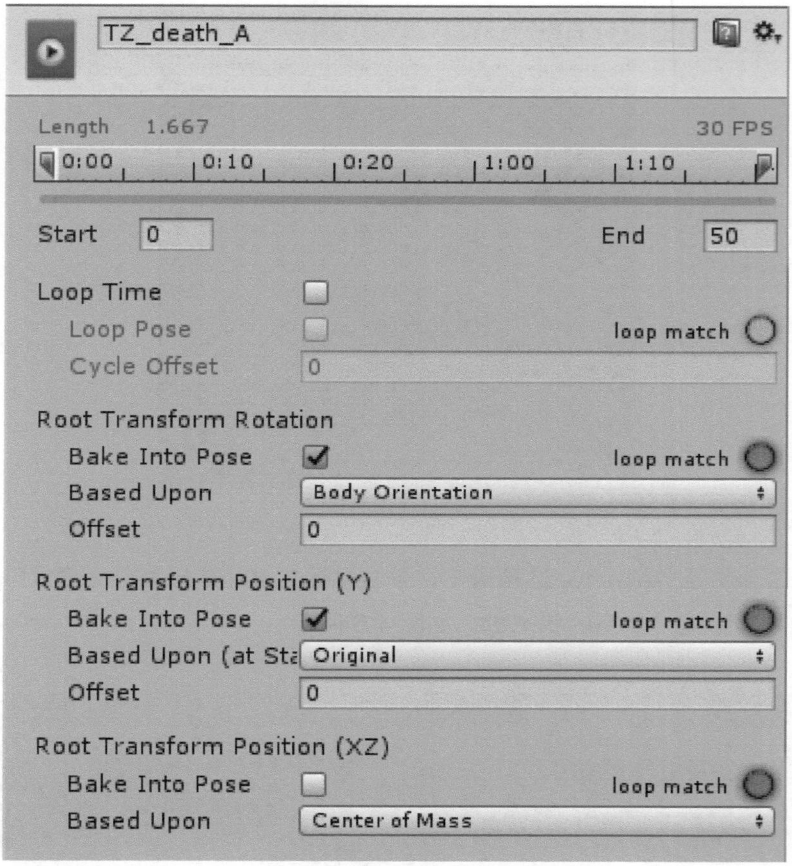

图 4.4 死亡动画参数设置

4.2.3 创建状态机文件

目前，新版本的 Unity 编辑器，采用状态机的方式驱动和播放游戏对象的各种动画，以及动画之间的过渡。

第一步，在 "Assets/MyFPSGame/动画控制器" 文件夹下，单击鼠标右键，选择菜单命令 "Create—Animator Controller"，创建一个新的 Controller 文件。将该文件重命名为 Zombie。然后双击该文件，就会在编辑器的 Animator 选项卡中打开并显示该状态机文件，如图 4.5 所示。

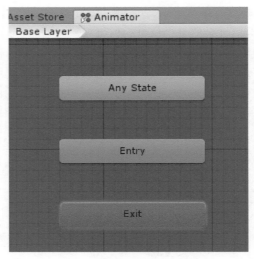

图 4.5 打开并显示 Zombie 状态机文件

第二步，在 Animator 选项卡下，单击鼠标右键，选择菜单命令"Create—Empty"，新建一个空的状态机，如图 4.6 所示。

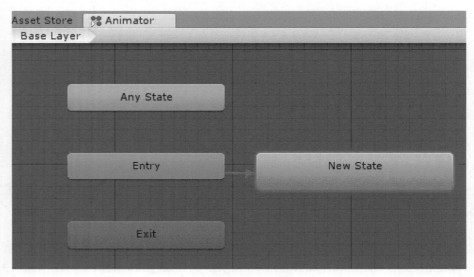

图 4.6 新建一个空的状态机

第三步，将其重命名为 Idle，并将其 Motion 属性指定为 TZ_calm-A_idle_A，其余参数保持不变，如图 4.7 所示。

图 4.7　Idle 状态机参数设置

第四步，在 Animator 选项卡下，单击鼠标右键，选择菜单命令 "Create—Empty"，新建一个空的状态机，将其重命名为 Walk，并将其 Motion 属性指定为 TZ_calm-A_walk，其余参数保持不变。

第五步，在 Idle 状态机上单击鼠标右键，在弹出的菜单中选择 Make Transition 选项，随着光标拉出一个白色的箭头。将光标移动到 Walk 状态机上，单击鼠标左键，两个状态机就通过带箭头的连线连在一起了。采用相同的操作，从 Walk 状态机到 Idle 状态机也建立一个过渡连接，结果如图 4.8 所示。

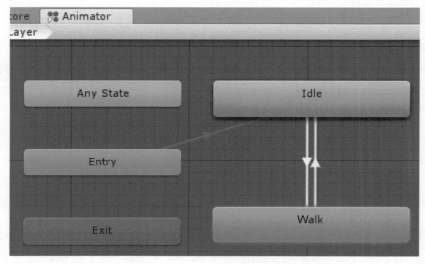

图 4.8　建立 Idle 与 Walk 状态机之间的过渡连接

第六步，在 Animator 选项卡左侧参数栏中（默认情况下，Parameters 选项卡处于激活状态），单击"+"按钮，在弹出的菜单中选择 Bool 选项，创建一个新的参数，将参数重命名为 Walk，创建参数的方法如图 4.9 所示。

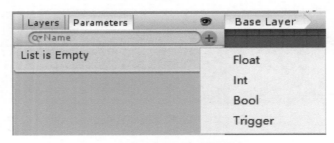

图 4.9　为状态机创建新的参数 Walk

第七步，选中从 Idle 状态机到 Walk 状态机的连线，连线变成蓝色，在 Inspector 选项卡中找到并选择 Conditions 组件，单击右下方的"+"按钮，然后按照图 4.10 进行设置。

图 4.10　设置从 Idle 状态机到 Walk 状态机的过渡条件

第八步，选中从 Walk 状态机到 Idle 状态机的连线，连线变成蓝色，在 Inspector 选项卡中找到并选择 Conditions 组件，单击右下方的"+"按钮，然后按照图 4.11 进行设置。

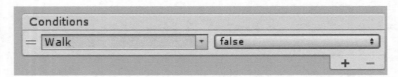

图 4.11　设置从 Walk 状态机到 Idle 状态机的过渡条件

第九步，为了使敌人具有完整的行为功能，我们还需要再创建三个参数，分别是 Attack、BeAttack 和 Dead。其中 Attack 和 BeAttack 是 bool 类型参数，Dead 是 Trigger 类型参数，结果如图 4.12 所示。

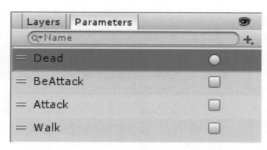

图 4.12　Zombie 状态机需要的参数

第十步，我们再创建三个状态机，分别重命名为 Run、Attack 和 Dead，并对其中的各个状态机进行连线，最终结果如图 4.13 所示。状态机之间过渡使用的参数参见表 4.3。

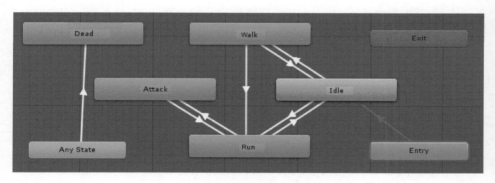

图 4.13　Zombie 状态机最终结果

第十一步，在“Assets/Toon_Zombies/models”文件夹下，将 Zombie_01_Tshirt 对象拖到 Hierarchy 选项卡中。在右边的 Inspector 选项卡下，找到 Animator 组件，将 Controller 属性指定为 Zombie，其他参数保持不变，结果如图 4.14 所示。

注意：如果骨骼动画本身有位移，例如行走动画本身自带向前移动一段距离（通常是在 3D Max 中做好的），则当勾选 Apply Root Motion 复选框后，Unity 编辑器会使用动画中的位移数据。这样做的优点是避免动画播放时产生滑步的效果，滑步效果是由动画播放和移动速度不同步造成的。

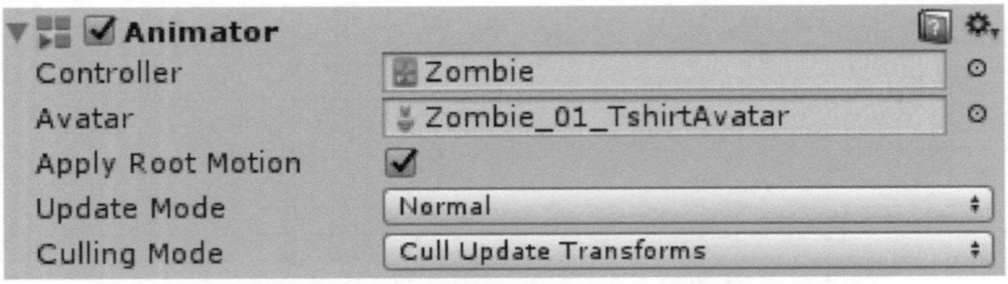

图 4.14 将 Controller 属性指定为 Zombie

第十二步， 打开 "Assets/MyFPSGame/脚本" 文件夹下的 Config.cs 文件，添加新的代码，代码如下：

```
/************************************************************
 *    功能：所有数据集合                                    *
 ************************************************************/

using UnityEngine;
using UnityEngine.UI;
namespace MyFPSGame                // 命名空间
{

    public class Config : MonoBehaviour
    {
        /* 以下是子弹数组，保存子弹相关数据 */
        public int[] m_bullet_curNum = {5, 30, 10};
        // 每种武器当前弹夹剩余子弹量
        public int[] m_bullet_fullNum= {5, 30, 10};
        // 每种武器当前弹夹总容量
        public int[] m_bullet_totalNum = {20, 60, 15 };
        // 每种武器当前剩余子弹总量
        public float[] m_bullet_curInterval = {0.3f, 0.1f,  3f };
        // 每种武器射击间隔
        public float[] m_bullet_curDamage = {1, 2, 3 };
        // 每种武器子弹伤害值
        public AudioSource[] m_gunShot;
        // 每种武器射击音效
        /* 以上是子弹数组，保存子弹相关数据 */

        /* 以下是普通敌人参数，保存普通敌人相关数据 */
        public float zombieMaxHitPoint = 5.0f;   // 敌人最大能量
        public float zombieHurt = 1.0f;          // 敌人的攻击伤害
        public float zombieHeadDam = 4;          // 敌人打中头部系数
        public float zombieWalkSpeed = 0.6f;     // 敌人行走速度
        public float zombieRunSpeed = 1.2f;      // 敌人奔跑速度
        public Sprite[] zombieHeadIcon;          // 敌人头像
        /* 以上是普通敌人参数，保存普通敌人相关数据 */

        /* 以下是 Boss 敌人参数，保存 Boss 敌人相关数据 */
```

```
public float bosszombieMaxHitPoint = 30.0f;//Boss 敌人最大能量
public float bosszombieHurt = 3.0f;       //Boss 敌人的攻击伤害
public float bosszombieHeadDam = 3;       //Boss 敌人打中头部系数
public float bosszombieWalkSpeed = 1f; //Boss 敌人移动速度
public float bosszombieRunSpeed = 2f;     //Boss 敌人奔跑速度
/* 以上是 Boss 敌人参数，保存 Boss 敌人相关数据 */

//* 以下是武器参数，保存武器相关数据 *//
public static int pistol_Ammo = 20;       // 手枪子弹量
public static int tommygun_Ammo = 60;     // 冲锋枪子弹量
public static int rifle_Ammo = 20;        // 来复枪子弹量
//* 以上是武器参数，保存武器相关数据 *//

public static string currentScene;        // 当前场景名

public static void SaveSceneName(string name)
//【函数】保存当前场景名字
{
    currentScene = name;
}
}
}
```

第十三步， 在 Inspector 选项卡中，选择"配置文件"对象，在右边的 Inspector 选项卡下的 Config 组件中，找到 Zombie Head Icon 属性，将 Size 修改为 2，将 Element 0 指定为"Assets/MyFPSGame/UI/ 敌人头像"文件夹中的"敌人头像1"，将 Element 1 指定为该文件夹中的"敌人头像2"，如图 4.15 所示。

图 4.15　Config 组件中 Zombie head Icon 相关设置

第十四步， 在"Assets/MyFPSGame/ 脚本"文件夹下创建一个 C# 文件，重命名为 Zombie。编写代码，代码如下：

```
/******************************************************************
 *   功能：敌人行为                                                 *
 ******************************************************************/
using System.Collections;
using System.Collections.Generic;
```

```csharp
using UnityEngine;
using UnityEngine.UI;
using UnityEngine.AI;

namespace MyFPSGame                              // 命名空间
{
    public class Zombie : MonoBehaviour
    {
        public float hitPoint;                   // 敌人当前能量
        public float MaxHitPoint;                // 敌人最大能量
        public float walkSpeed;                  // 敌人行走速度
        public float runSpeed;                   // 敌人奔跑速度
        public float headDam = 4;                // 敌人打中头部系数
        public Animator zomAnimator;             // 敌人 Animator
        public bool isDead;                      // 敌人是否死亡
        public GameObject bloodItem;             // 敌人能量条
        public GameObject headImage;             //UI 界面的敌人头像
        public Sprite zombieHeadImage;           // 敌人头像图片
        private bool isAttack;                   // 敌人是否被攻击

        protected virtual void Start()
        {
            ReadConfig();                        // 读入 Config 数据
            InitZombie();                        // 初始化敌人数据
        }

        protected virtual void ReadConfig()
        {
            Debug.Log("准备从 Config.cs 读入 Zombie 信息...");
            var config = GameObject.Find("配置文件");
            // 找到配置文件对象
            MaxHitPoint = config.GetComponent<Config>().
zombieMaxHitPoint;
            hurt = config.GetComponent<Config>().zombieHurt;
            walkSpeed = config.GetComponent<Config>().zombieWalkSpeed;
            runSpeed = config.GetComponent<Config>().zombieRunSpeed;
            headDam = config.GetComponent<Config>().zombieHeadDam;
            zombieHeadImage = config.GetComponent<Config>().
zombieHeadIcon[0];
            Debug.Log("读入 Zombie 信息完毕。");
        }

        protected virtual void InitZombie()
        {
            Debug.Log("准备初始化 Zombie 数据...");
            zomAnimator = GetComponent<Animator>(); // 得到 Animator 组件
            bloodItem = GameObject.Find("Canvas/ 敌人信息区 / 敌人能量条");
            headImage = GameObject.Find("Canvas/ 敌人信息区 / 敌人头像");
            hitPoint = MaxHitPoint;
            Debug.Log("初始化 Zombie 数据完毕。");
        }
```

```
public void BodyDamage(float dam)      // 敌人被打中身体
{
    if (isDead)                  // 如果死了
    {
        return;                  // 返回
    }

    hitPoint -= dam;            // 敌人能量 -dam
    if (hitPoint <= 0)          // 敌人能量 <=0
    {
        zomAnimator.SetTrigger("Dead");   // 播放死亡动画
        isDead = true;                     //isDead 设为 true
    }
}
public void HeadDamage(float dam)                     // 敌人被打中头部
{
    if (isDead)                                       // 如果死了
    {
        return;                                       // 返回
    }

    float damage = dam * headDam;                     // 打中头部伤害值
    hitPoint -= damage;              // 能量 - 打中头部伤害值
    if (hitPoint <= 0)              // 能量 <=0
    {
        zomAnimator.SetTrigger("Dead");   // 播放死亡动画
        isDead = true;                     //isDead 设为 true
    }
}

public void ChangeBlood()        //【函数】改变敌人能量条
{
    bloodItem.GetComponent<Slider>().maxValue = MaxHitPoint;
    // 能量条最大值为 MaxHitPoint
    bloodItem.GetComponent<Slider>().value = hitPoint;
    // 显示当前能量
    headImage.GetComponent<Image>().sprite = zombieHeadImage;
    // 头像显示被击中敌人头像
}
    }
}
```

注意：该脚本中没有 Update() 函数，因为到目前为止 Update() 函数中没有任何内容，官方教程指出，如果 Update() 函数中没有内容，删掉该函数可以提高运行效率。

第十五步，将 Zombie.cs 文件拖到 Hierarchy 选项卡下的 Zombie_01_Tshirt 对象上。

4.2.4　碰撞体

这一节，我们来学习给敌人对象添加碰撞体。

第一步，在 Hierarchy 选项卡下，选择 Zombie_01_Tshirt 对象，在其子对象 Biped001 Spine 对象下创建一个 Cube 子对象，重命名为"身体"。在 Inspector 选项卡下找到 Mesh Renderer 组件，取消该组件的勾选状态。

注意：这里使用 Cube 对象来做碰撞检测，但是不希望 Cube 对象在游戏中显示出来，所以取消其 Mesh Renderer 组件的勾选状态。

第二步，使用缩放工具调整该 Cube 对象的尺寸，使其在正面和侧面贴住敌人的身体，如图 4.16 所示。

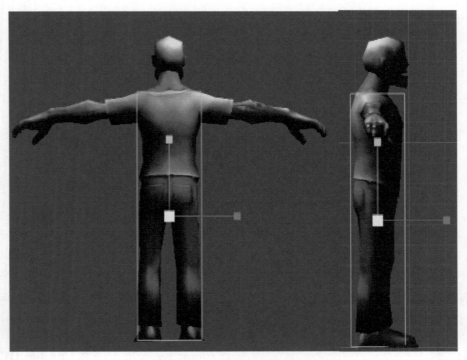

图 4.16　身体碰撞体设置

第三步，在 Hierarchy 选项卡下，选择 Zombie_01_Tshirt 对象，在其子对象 Biped001 Spine 对象下创建一个 Cube 子对象，重命名为"头部"。在 Inspector 选项卡下找到 Mesh Renderer 组件，取消该组件的勾选状态。

第四步，使用缩放工具调整该 Cube 对象的尺寸，使其在正面和侧面贴住敌人的头部，如图 4.17 所示。

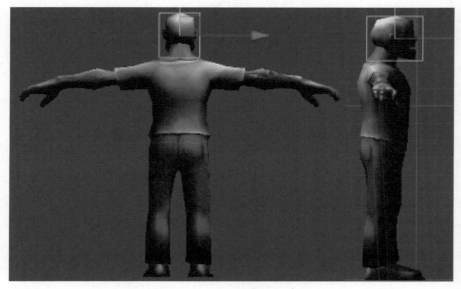

图 4.17　头部碰撞体设置

第五步，打开 Bullets.cs 文件，找到 Fire() 函数，为其添加新的代码，代码如下：

```
public void Fire()                        //【函数】射击函数
    {
        if(curNum == 0)                   // 如果当前弹夹剩余子弹量 =0
        {
            Debug.Log("请装填子弹！");
            return;
        }
        curNum--;                         // 当前弹夹剩余子弹量 -1
        Debug.Log("剩余" + curNum + "子弹。");
        curgunShot.Play();                // 播放枪声
        RaycastHit hit;                   // 射线对象
        Vector2 v = new Vector2(Screen.width / 2,
```

```
        Screen.height / 2);        // 屏幕中心坐标
if (Physics.Raycast(Camera.main.ScreenPointToRay(v), out hit))
//从摄像机到屏幕中心发射一条射线，返回碰到对象 hit
{
    Debug.Log(hit.collider.name);
    if(hit.collider.name == "身体")
    //如果碰到的碰撞体的名字是"身体"
    {
        var tar = hit.collider.transform.root;
        //找到碰撞体的根对象（敌人对象）
        tar.GetComponent<Zombie>().BodyDamage(curDamage);
        //调用敌人的 BodyDamage 函数
        //参数 curDamage 为当前子弹伤害
        zombieInfomation.SetActive(true);
        //显示敌人头像和能量条所在区域
        tar.GetComponent<Zombie>().ChangeBlood();
        //改变能量条
        Debug.Log(hit.point);
        flash = Instantiate(flashPrefab);
        //创建一个粒子实例
        flash.transform.position = hit.point;
        //将粒子位置设置在碰撞点位置上
        flash.transform.parent = tar;
        //将粒子对象的父对象设为敌人对象
        Destroy(flash, 0.2f);
        //0.2 秒后销毁粒子对象

    }
    else if(hit.collider.name == "头部")
    // 如果碰到的碰撞体的名字是"头部"
    {
        var tar = hit.collider.transform.root;
        tar.GetComponent<Zombie>().HeadDamage(curDamage);
        zombieInfomation.SetActive(true);
        tar.GetComponent<Zombie>().ChangeBlood();
        flash = Instantiate(flashPrefab);
        flash.transform.position = hit.point;
        Debug.Log(hit.point);
        Destroy(flash, 0.2f);

    }

    else
    {
        zombieInfomation.SetActive(false);
        // 不显示敌人头像能量条区域
        flash = Instantiate(flashPrefab);
        // 实例化一个粒子对象
        flash.transform.position = hit.point;
        // 将粒子对象放在碰撞点
        //Debug.Log(hit.point);
```

```
        Destroy(flash, 0.2f);
            //0.2 秒后销毁粒子对象
        }
    }
}
```

注意：本游戏中，玩家按下射击按钮时，采用由摄像机到屏幕中心点位置发射射线的方法进行碰撞检测，而不是实例化一个子弹对象然后将其发射出去，这样做是为了提高效率。

4.3　Boss 敌人制作

游戏中只有一种敌人，会显得游戏单薄，因此添加一个厉害一点的 Boss 敌人，增加游戏的趣味性。

第一步，对 "Assets/Toon_Zombies/models" 文件夹下的 Zombie_20_brown 模型文件进行骨骼 Rig 化操作，具体的方法参照之前的 Zombie_01_Tshirt 模型。

第二步，将 Zombie_20_brown 对象拖到 Hierarchy 选项卡下，为其添加"身体"和"头部"子对象，具体方法参考上一节。

第三步，在 "Assets/MyFPSGame/ 脚本" 文件夹下，新建一个名为 ZombieBoss 的 C# 文件，编写代码如下：

```
/**************************************************************
 *    功能：Boss 敌人行为                                       *
 **************************************************************/
using System.Collections;
using System.Collections.Generic;
using UnityEngine;
namespace MyFPSGame                          // 命名空间
{
    public class ZombieBoss : Zombie         //Boss 敌人，继承普通敌人
    {

        protected override void Start()      // 重构 Start() 函数
        {
```

```
        base.Start();          // 父类 Start() 函数
        ReadConfig();          // 重构的 ReadConfig() 函数
        InitZombie();          // 重构的 InitZombie() 函数
    }

    // 重构的 ReadConfig() 函数
    protected override void ReadConfig()
    {
        //base.ReadConfig();
        var config = GameObject.Find("配置文件");
        // 找到配置文件对象
        // 以下内容读入 Boss 敌人数据
        MaxHitPoint = config.GetComponent<Config>().
bosszombieMaxHitPoint;
        hurt = config.GetComponent<Config>().bosszombieHurt;
        walkSpeed = config.GetComponent<Config>().
bosszombieWalkSpeed;
        runSpeed = config.GetComponent<Config>().
bosszombieRunSpeed;
        headDam = config.GetComponent<Config>().bosszombieHeadDam;
        zombieHeadImage = config.GetComponent<Config>().
zombieHeadIcon[1];    //Boss 敌人头像
    }
    // 重构的 InitZombie() 函数
    protected override void InitZombie()
    {
        base.InitZombie();
    }
    }
}
```

注意：代码中，ZombieBoss 类是 Zombie 的子类，重构了 ReadConfig() 函数和 InitZombie() 函数。

第四步，将 ZombieBoss.cs 文件拖到 Hierarchy 选项卡下的 Zombie_20_ brown 对象下。

第五步，运行游戏，瞄准敌人的头部和身体进行射击，测试结果如图 4.18 所示。

第六步，导出 apk 文件，安装到手机上，运行游戏，测试效果。

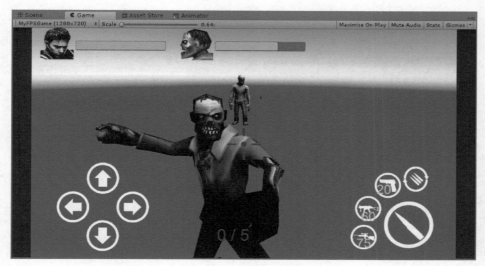

图 4.18　测试结果参考图

4.4　小结

本章我们一起完成了两个敌人 NPC 的设计和制作工作。主要学习了以下内容：

① 对角色模型和动画数据进行 Rig 化操作的方法；

② 状态机的使用方法；

③ 使用碰撞体进行检测的方法；

④ 编写了普通敌人和 Boss 敌人的 C# 代码。

4.5　作业

① 制作更多的敌人。

② 增加 Boss 敌人的攻击方法。

第 5 章

玩家角色

本章我们来完善玩家角色的相关内容，以及为敌人添加人工智能（AI）功能，使敌人能够在受到攻击时追击玩家，并在有玩家靠近时攻击玩家。

5.1　玩家刚体

要想使我们的玩家角色在被敌人攻击时减少能量，需要给玩家角色添加两个组件——刚体和碰撞体。

第一步，在 Hierarchy 选项卡下，选择 Player 对象，选择菜单命令 "Component—Physics—Rigidbody"，添加 Rigidbody 组件，方法如图 5.1 所示。

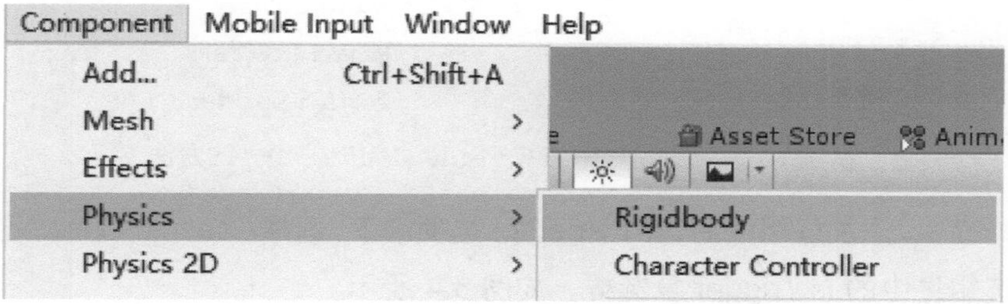

图 5.1　为玩家角色添加 Rigidbody 组件的方法

第二步，添加好组件后，在 Inspector 选项卡下，选择 Rigidbody 组件，并取消组件中 Use Gravity 复选框的勾选状态，如图 5.2 所示。

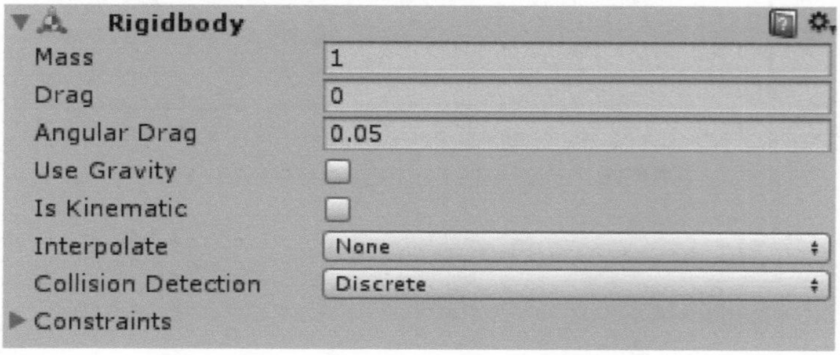

图 5.2　Rigidbody 组件参数设置

第三步，在 Hierarchy 选项卡下，选择 Player 对象，选择菜单命令

"Component—Physics—Capsule Collider"，添加 Capsule Collider 组件，
方法如图 5.3 所示。

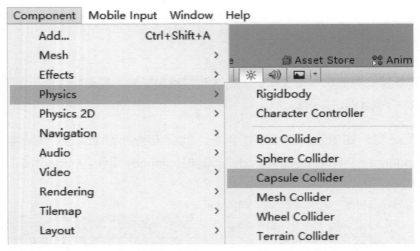

图 5.3　为玩家角色添加 Capsule Collider 组件的方法

第四步，添加好组件后，在 Inspector 选项卡下，选择 Capsule Collider 组件，
并勾选组件中的 Is Trigger 复选框，如图 5.4 所示。

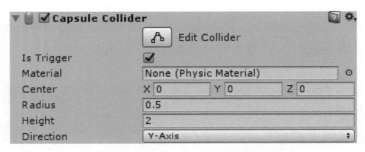

图 5.4　Capsule Collider 组件参数设置

5.2　玩家脚本

下面，我们在 Config.cs 文件中添加与玩家角色相关的参数。

第一步，打开 Config.cs 文件，添加相关代码，代码如下：

```
/***********************************************************
 *    功能：所有数据集合                                     *
 ***********************************************************/

using UnityEngine;
using UnityEngine.UI;
namespace MyFPSGame               // 命名空间
{

    public class Config : MonoBehaviour
    {
        /* 以下是子弹数组，保存子弹相关数据 */
        public int[] m_bullet_curNum = {5, 30, 10};
        // 每种武器当前弹夹剩余子弹量
        public int[] m_bullet_fullNum= {5, 30, 10};
        // 每种武器当前弹夹总容量
        public int[] m_bullet_totalNum = {20, 60, 15 };
        // 每种武器当前剩余子弹总量
        public float[] m_bullet_curInterval = {0.3f, 0.1f,  3f };
        // 每种武器射击间隔
        public float[] m_bullet_curDamage = {1, 2, 3 };
        // 每种武器子弹伤害值
        public AudioSource[] m_gunShot;
        // 每种武器射击音效
        /* 以上是子弹数组，保存子弹相关数据 */

        /* 以下是玩家参数，保存玩家相关数据 */
        public float playerSpeed = 2.0f;            // 玩家移动速度
        public float playerMaxHealth = 10.0f;       // 玩家最大能量
        /* 以上是玩家参数，保存玩家相关数据 */

        /* 以下是普通敌人参数，保存普通敌人相关数据 */
        public float zombieMaxHitPoint = 5.0f;      // 敌人最大能量
        public float zombieHurt = 1.0f;             // 敌人的攻击伤害
        public float zombieHeadDam = 4;             // 敌人打中头部系数
        public float zombieWalkSpeed = 0.6f;        // 敌人行走速度
        public float zombieRunSpeed = 1.2f;         // 敌人奔跑速度
        public Sprite[] zombieHeadIcon;             // 敌人头像
        /* 以上是普通敌人参数，保存普通敌人相关数据 */

        /* 以下是 Boss 敌人参数，保存 Boss 敌人相关数据 */
        public float bosszombieMaxHitPoint = 30.0f; //Boss 敌人最大能量
        public float bosszombieHurt = 3.0f;         //Boss 敌人的攻击伤害
        public float bosszombieHeadDam = 3;         //Boss 敌人打中头部系数
        public float bosszombieWalkSpeed = 1f;      //Boss 敌人移动速度
        public float bosszombieRunSpeed = 2f;       //Boss 敌人奔跑速度
```

```
                    /* 以上是武器参数，保存武器相关数据 */

                    //* 以下是武器参数，保存武器相关数据 *//
                    public static int pistol_Ammo = 20;        // 手枪子弹量
                    public static int tommygun_Ammo = 60;      // 冲锋枪子弹量
                    public static int rifle_Ammo = 20;         // 来复枪子弹量
                    //* 以上是武器参数，保存武器相关数据 *//
                }
            }
```

第二步，打开 Player.cs 文件，添加相关代码，代码如下：

```
/**************************************************************************
 *    功能：游戏玩家角色脚本                                                *
 **************************************************************************/
using System.Collections;
using System.Collections.Generic;
using UnityEngine;
using UnityEngine.UI;
using UnityEngine.SceneManagement;
namespace MyFPSGame                            // 命名空间
{
    public class Player : MonoBehaviour
    {
        public enum direction {STOP, FORWARD, BACK, LEFT, RIGHT};
        public direction dir;               // 玩家移动方向
        public float speed;                 // 玩家移动速度
        public GameObject cam;              // 玩家摄像头

        public GameObject playerBlood;      // 玩家能量条
        public float currentHealth;         // 玩家当前剩余能量
        public float MaxHealth;             // 玩家最大能量
        public bool isDead;                 // 玩家是否死亡标志

        public string curSceneName;         // 当前关卡名称

        void Start()
        {
            ReadConfig();                   // 读入 Config.cs 文件数据
            InitPlayer();                   // 初始化玩家
        }

        void Update()
        {
            if (isDead)                     // 如果玩家死亡
            {
                Debug.Log("玩家死亡，转到死亡场景");
                //Config.currentScene = curSceneName;
                Config.SaveSceneName(curSceneName);
                // 将当前游戏场景名字存入 Config.cs 文件中
```

```
                SceneManager.LoadScene("FailScene");
                // 加载 FailScene 场景

            }
            Move(dir);          // 玩家移动
        }

        public void ReadConfig()
        {
            Debug.Log("准备从 Config.cs 读入 Player 信息 ...");
            var config = GameObject.Find("配置文件");
            // 找到配置文件对象
            MaxHealth = config.GetComponent<Config>().playerMaxHealth;
            // 读入玩家最大能量
            speed = config.GetComponent<Config>().playerSpeed;
            // 读入玩家移动速度
            Debug.Log("Player 信息读入完毕。");
        }

        public void InitPlayer()              // 【函数】初始化玩家
        {
            Debug.Log("准备初始化 Player 数据 ...");
            cam = GameObject.FindGameObjectWithTag("MainCamera");
            // 找到玩家摄像头对象
            playerBlood = GameObject.Find("Canvas/ 玩家信息区 / 玩家能
量条");
            // 找到玩家能量条对象
            currentHealth = MaxHealth;
            // 玩家当前能量 = 最大能量
            curSceneName = SceneManager.GetActiveScene().name;
            // 保存当前关卡名字
            Debug.Log("Player 数据初始化完毕。");
        }

        public void Move(direction dir)            // 【函数】玩家移动
        {
            switch (dir)                           // 判断 dir 值
            {
                case direction.STOP:               // 停止移动
                    break;

                case direction.FORWARD:            // 方向前进
                    transform.Translate(transform.forward * speed *
Time.deltaTime, Space.World);

                    break;
                case direction.BACK:               // 方向后退
                    transform.Translate(-transform.forward * speed *
Time.deltaTime, Space.World);
                    break;
                case direction.LEFT:               // 方向左移
                    transform.Translate(-transform.right * speed *
Time.deltaTime, Space.World);
```

```
                    break;
        case direction.RIGHT:          //方向右移
                    transform.Translate(transform.right * speed * Time.
deltaTime, Space.World);
                    break;
        default:                        //其他
                    break;
            }
        }
    public void BodyRotate(float rotY)    //【函数】玩家（左右）转动
    {
        transform.Rotate(0, rotY, 0);    //绕 Y 轴旋转
    }
    public void CamRotate(float rotX)     //【函数】摄像头（上下）转动
    {
        cam.transform.Rotate(-rotX, 0, 0);//绕 X 轴旋转
    }

    public void Hurt(float hurt)          //【函数】玩家受到伤害
    {
        var hur = hurt;

                currentHealth -= hurt; //玩家当前能量 - 敌人伤害值
                playerBlood.GetComponent<Slider>().maxValue =
MaxHealth;         //玩家能量条最大值 = 玩家能量最大值
                playerBlood.GetComponent<Slider>().value =
currentHealth;    //玩家能量条当前值 = 玩家能量当前值
                if(currentHealth <= 0)   //如果玩家能量当前值 <= 0;
                {
                    isDead = true;  //isDead 为真
                }
        }


    public void OnTriggerEnter(Collider col)  //【函数】碰撞响应
    {
        var tag = col.tag;          // 获取碰撞对象的 tag
        switch (tag)                // 判断 tag
        {

        case "Claw":            //Tag = Claw
                var hurt = col.transform.root.
GetComponent<Zombie>().hurt;   // 获取敌人的伤害值
                Hurt(hurt);        // 调用玩家的伤害函数
                break;

        case "Pistol":      //Tag = Pistol
                var ammo = Config.pistol_Ammo;
                // 子弹量从 Config.cs 文件中获取
                GameObject.FindWithTag("BulletsManager").
```

```
GetComponent<Bullets>().PickUp(0, ammo);// 增加手枪子弹量
                    Destroy(col.gameObject);    // 销毁手枪对象
                    break;
            case "Tommygun":
                    var ammo1 = Config.tommygun_Ammo;
                    // 子弹量从 Config.cs 文件中获取
                    GameObject.FindWithTag("BulletsManager").
GetComponent<Bullets>().PickUp(1, ammo1);// 增加冲锋枪子弹量
                    Destroy(col.gameObject);    // 销毁冲锋枪对象
                    break;
            case "Rifle":
                    var ammo2 = Config.tommygun_Ammo;
                    // 子弹量从 Config.cs 文件中获取
                    GameObject.FindWithTag("BulletsManager").
GetComponent<Bullets>().PickUp(2, ammo2);// 增加来复枪子弹量
                    Destroy(col.gameObject);    // 销毁来复枪对象
                    break;
            //case:

            default:
                    break;

        }
    }
  }
}
```

5.3　敌人 AI

　　Unity 编辑器内置了 AI 自动寻径的功能。我们需要对角色所在的场景 "地面" 进行烘焙操作，然后为敌人 NPC 角色添加 Nav Mesh Agent 组件，最后编写敌人 NPC 代码实现自动寻径功能。

5.3.1　烘焙寻径地面

　　第一步，选择菜单命令 "Game Object—3D Object—Plane" 创建一个平面。将创建的平面放置在世界坐标系原点处，将 Scale 设置为（2,2,2）。

　　第二步，选择 Plane 对象，在 Inspector 选项卡下，勾选 Static 复选框，如图 5.5 所示。

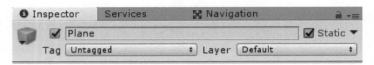

图 5.5　勾选 Static 复选框

注意：使用 Unity 编辑器自带的寻径组件时，需要将 Plane 对象设置为 Static 类型。

第三步，选择菜单命令"Window—Navigation"，如图 5.6 所示。

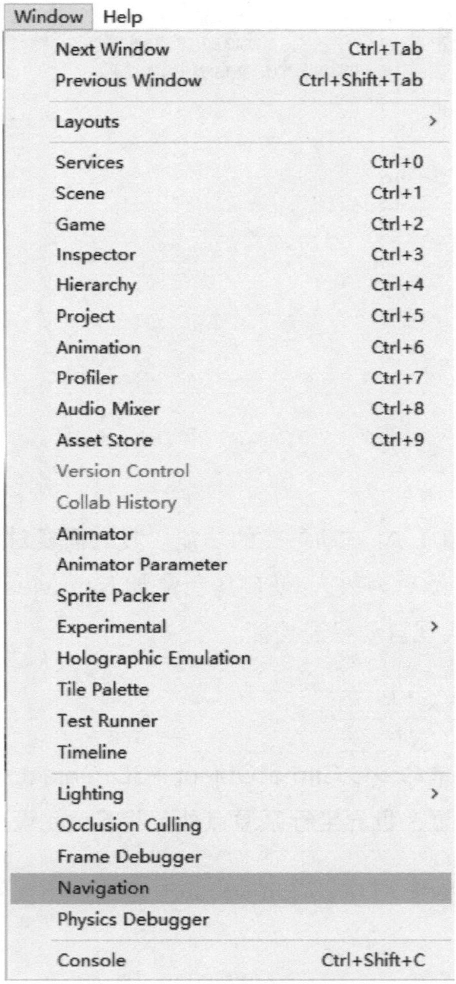

Window	Help	
Next Window		Ctrl+Tab
Previous Window		Ctrl+Shift+Tab
Layouts		▶
Services		Ctrl+0
Scene		Ctrl+1
Game		Ctrl+2
Inspector		Ctrl+3
Hierarchy		Ctrl+4
Project		Ctrl+5
Animation		Ctrl+6
Profiler		Ctrl+7
Audio Mixer		Ctrl+8
Asset Store		Ctrl+9
Version Control		
Collab History		
Animator		
Animator Parameter		
Sprite Packer		
Experimental		▶
Holographic Emulation		
Tile Palette		
Test Runner		
Timeline		
Lighting		▶
Occlusion Culling		
Frame Debugger		
Navigation		
Physics Debugger		
Console		Ctrl+Shift+C

图 5.6　选择菜单命令"Window—Navigation"

第四步，选择 Navigation 选项卡，在打开的 Navigation 选项卡下，选择 Bake 选项卡，然后单击右下角的 Bake 按钮，如图 5.7 所示。Unity 编辑器内置的系统会对当前场景进行烘焙，烘焙后的场景被蓝色区域覆盖。

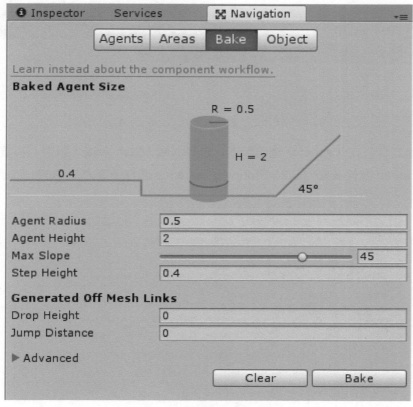

图 5.7　对当前场景进行烘焙

5.3.2　Nav Mesh Agent 组件

第一步，在 Hierarchy 选项卡下，选择 Zombie_01_Tshirt 对象，选择菜单命令 "Component—Navigation—Nav Mesh Agent"，添加 Nav Mesh Agent 组件，该组件是 Unity 编辑器内置的具有寻径功能的组件，添加方法如图 5.8 所示。

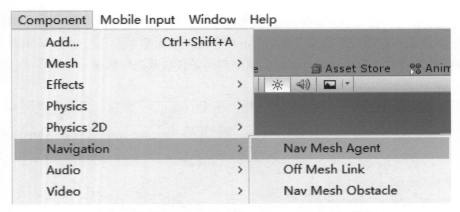

图 5.8　为敌人 NPC 角色添加 Nav Mesh Agent 组件

　　第二步，在 Inspector 选项卡下，选择 Nav Mesh Agent 组件，将该组件中的 Speed 属性设置为 0.6，Stopping Distance 属性设置为 1，如图 5.9 所示。

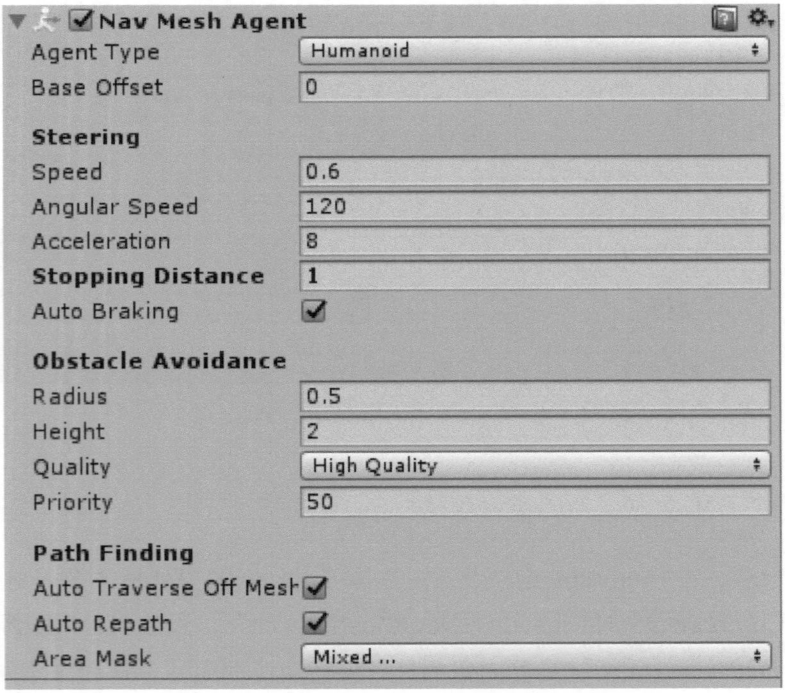

图 5.9　Nav Mesh Agent 组件参数设置

5.3.3　巡逻点

若敌人 NPC 仅在原地站立，则会显得有些枯燥，因此我们添加了一个功能——让敌人 NPC 可以在一个区域内徘徊巡逻。

第一步，选择菜单命令"GameObject—Empty"，新建两个空对象，将其中一个空对象重命名为"巡逻中心点"，另一个空对象重命名为"追踪点"。设置"追踪点"对象的 Transform 属性，如图 5.10 所示，取消 Mesh Renderer 组件的勾选状态。

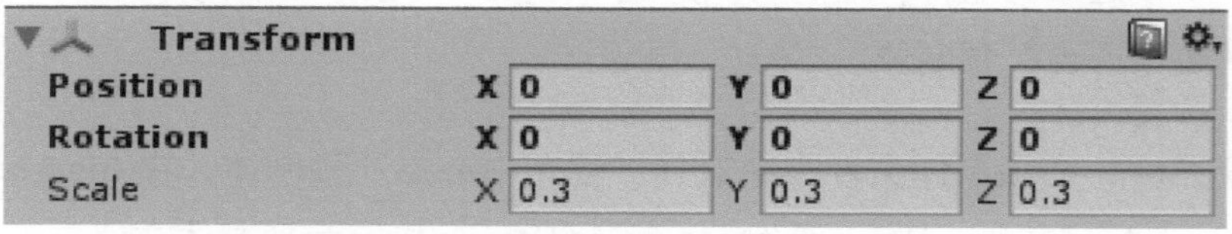

图 5.10　"追踪点"对象的 Transform 属性设置

第二步，将"追踪点"对象拖到预制体文件夹下，使之成为预制体。

第三步，在"Assets/MyFPSGame/ 脚本"文件夹下，新建一个名为 WanderPoint.cs 的 C# 文件，添加代码，代码如下：

```
/***********************************************************
 *    功能：自动创建随机移动点                              *
 ***********************************************************/
using System.Collections;
using System.Collections.Generic;
using UnityEngine;
namespace MyFPSGame                          // 命名空间
{
    public class WanderPoint : MonoBehaviour
    {
        public float minX = -5;             // 徘徊区域中心点 X 轴负方向
        public float minZ = -5;             // 徘徊区域中心点 Z 轴负方向
        public float maxX = 10;             // 徘徊区域中心点 X 轴正方向
        public float maxZ = 10;             // 徘徊区域中心点 Z 轴正方向
        public GameObject pointPrefab;      // 追踪点预制体
        public Transform target;            // 追踪点位置


        public Transform CreatePoint()      // 【函数】创建追踪点
```

```
        {
            var x = transform.position.x;          // 中心点 X 坐标
            var z = transform.position.z;          // 中心点 Z 坐标
            GameObject point = Instantiate(pointPrefab);  // 创建追踪点
            point.transform.position
                = new Vector3(Random.Range(x+minX, x+maxX),
                    0, Random.Range(z+minZ, z+maxZ));  // 追踪点随机位置
            return point.transform;                 // 返回追踪点位置
        }
    }
}
```

第四步，将 WanderPoint.cs 文件拖到 Hierarchy 选项卡下的 "巡逻中心点" 对象下，使之成为组件，然后将 "巡逻中心点" 对象拖到预制体文件夹下，生成 "巡逻中心点" 预制体。

第五步，在预制体文件夹中选择 "巡逻中心点" 预制体，在 Inspector 选项卡下，选择 Wander Point 组件，将 Point Prefab 指定为预制体文件夹下的 "追踪点" 预制体，在其余文本框中添加数值，代表敌人以 "巡逻中心点" 对象为中心进行徘徊的区域范围，如图 5.11 所示。

Wander Point (Script)	
Script	WanderPoint
Min X	-5
Min Z	-5
Max X	5
Max Z	5
Point Prefab	追踪点
Target	None (Transform)

图 5.11　Wander Point 组件参数设置

第六步，将 "巡逻中心点" 预制体拖到游戏场景中，放置在我们希望敌人活动的区域里。

5.3.4　NPC 代码

下面，我们在敌人的脚本中添加代码，实现徘徊巡逻的功能。

第一步，打开 Zombie.cs 文件，添加代码，代码如下：

```
/*****************************************************************
 *    功能：敌人行为                                               *
 *****************************************************************/
using System.Collections;
using System.Collections.Generic;
using UnityEngine;
using UnityEngine.UI;
using UnityEngine.AI;

namespace MyFPSGame                         // 命名空间
{
    public class Zombie : MonoBehaviour
    {
        public float hitPoint;              // 敌人当前能量
        public float MaxHitPoint;           // 敌人最大能量
        public float walkSpeed;             // 敌人行走速度
        public float runSpeed;              // 敌人奔跑速度
        public float headDam = 4;           // 打中头部系数
        public Animator zomAnimator;        // 敌人 Animator
        public bool isDead;                 // 敌人是否死亡
        public GameObject bloodItem;        // 敌人能量条
        public GameObject headImage;        // UI 界面的敌人头像
        public Sprite zombieHeadImage;      // 敌人头像图片
        public NavMeshAgent zombieAgent;    // 敌人的 Agent
        public GameObject player;           // 游戏玩家对象
        private bool isAttack;              // 敌人是否被攻击

        public Transform tar;               // 追踪点位置
        public GameObject wanderCenter;     // 徘徊区域中心点
        [SerializeField]private bool isWalk;// 敌人是否行走
        public float hurt;                  // 敌人对玩家造成的伤害值

        public GameObject success;          // "胜利条件" 对象


        protected virtual void Start()
        {
            ReadConfig();                   // 读入 Config 数据
            InitZombie();                   // 初始化敌人数据
        }

        void Update()
        {
            if (isDead)
            {
```

```
            return;
        }
        if (!isAttack)                  // 敌人没有受到攻击
        {
            if (isWalk)                 // 敌人可以行走
            {
                MoveTo(tar);            // 移动敌人
            }

        }
        else
        {
            Attack(player);             // 敌人攻击玩家
        }
    }

    protected virtual void ReadConfig()
    {
        Debug.Log("准备从 Config.cs 读入 Zombie 信息...");
        var config = GameObject.Find("配置文件");
        // 找到配置文件对象
        MaxHitPoint = config.GetComponent<Config>().
zombieMaxHitPoint;
        hurt = config.GetComponent<Config>().zombieHurt;
        walkSpeed = config.GetComponent<Config>().zombieWalkSpeed;
        runSpeed = config.GetComponent<Config>().zombieRunSpeed;
        headDam = config.GetComponent<Config>().zombieHeadDam;
        zombieHeadImage = config.GetComponent<Config>().
zombieHeadIcon[0];
        Debug.Log("读入 Zombie 信息完毕。");
    }

    protected virtual void InitZombie()
    {
        Debug.Log("准备初始化 Zombie 数据...");
        zomAnimator = GetComponent<Animator>();// 得到 Animator 组件
        bloodItem = GameObject.Find("Canvas/ 敌人信息区 / 敌人能量条");
        headImage = GameObject.Find("Canvas/ 敌人信息区 / 敌人头像");
        hitPoint = MaxHitPoint;
        zombieAgent = GetComponent<NavMeshAgent>();
        player = GameObject.FindGameObjectWithTag("Player");
        success = GameObject.FindGameObjectWithTag("Success");
        Debug.Log("初始化 Zombie 数据完毕。");
    }

    public void BodyDamage(float dam)   // 敌人被打中身体
    {
        if (isDead)                     // 如果死了
        {
            return;                     // 返回
```

```
        }
            hitPoint -= dam;      // 敌人能量 -dam
            if (hitPoint <= 0)    // 敌人能量 <=0
            {
                zomAnimator.SetTrigger("Dead");      // 播放死亡动画
                isDead = true;                       //isDead 设为 true
                zombieAgent.isStopped = true;        // 暂停自动寻径组件
                success.GetComponent<Success>().ReduceZombie();
//success 对象中的敌人数量 -1
                return;
            }
            isAttack = true;                         //isAttack 设为 true
            zomAnimator.SetBool("BeAttack", true);// 播放奔跑动画
        }
        public void HeadDamage(float dam)    // 敌人被打中头部
        {
            if (isDead)       // 如果死了
            {
                return;       // 返回
            }
            Attack(player); // 攻击玩家

            float damage = dam * headDam;          // 打中头部伤害值
            hitPoint -= damage;      // 能量 - 打中头部伤害值
            if (hitPoint <= 0)         // 能量 <=0
            {
                zomAnimator.SetTrigger("Dead");// 播放死亡动画
                isDead = true;                      //isDead 设为 true
                zombieAgent.isStopped = true;      // 停止自动寻径组件
                success.GetComponent<Success>().ReduceZombie();
                //success 对象中的敌人数量 -1
                return;
            }
            isAttack = true;                        //isAttack 设为 true
            zomAnimator.SetBool("BeAttack", true);// 敌人进入奔跑状态
        }

        public void ChangeBlood()        // 【函数】改变敌人能量条
        {
            bloodItem.GetComponent<Slider>().maxValue = MaxHitPoint;
            // 能量条最大值为 MaxHitPoint
            bloodItem.GetComponent<Slider>().value = hitPoint;
            // 显示当前能量
            headImage.GetComponent<Image>().sprite = zombieHeadImage;
            // 头像显示被击中敌人头像
        }

        protected virtual void Attack(GameObject player)
// 【函数】敌人攻击玩家
        {
```

```
zombieAgent.SetDestination(player.transform.position);
// 敌人目标为玩家
zombieAgent.speed = runSpeed;
// 敌人速度为 runSpeed
//var distance =
//Vector3.Distance(transform.position,
//player.transform.position);
zombieAgent.stoppingDistance = 1.2f;
// 敌人距离目标 1.2 米时停止移动
var distance = zombieAgent.remainingDistance;
// 敌人距离目标的剩余距离
//Debug.Log(distance);
if (distance <= 2)        // 如果距离 <=2
{
        zomAnimator.SetBool("Attack", true);
        // 敌人播放攻击动画
}
else
{
    zomAnimator.SetBool("Attack", false);
    // 取消播放敌人攻击动画
    zombieAgent.isStopped = false;        // 敌人寻径组件启动
}
}

public void MoveTo(Transform ob)
// 【函数】朝着新生成的追踪点移动
{
    if (tar == null)                // 如果追踪点不存在
    {
        tar = wanderCenter.
        GetComponent<WanderPoint>().CreatePoint();
        // 创建一个追踪点
        zombieAgent.SetDestination(tar.position);
        // 将敌人目标设为该追踪点
        zombieAgent.speed = walkSpeed;
        // 敌人移动速度为 walkSpeed
        zombieAgent.isStopped = true;
        // 敌人寻径组件停止
        zomAnimator.SetBool("Walk", false);
        // 敌人播放行走动画
        var sec = Random.Range(2, 5);
        Idle(sec);
    }
    else
    {
        var distance = Vector3.Distance(transform.position,
        tar.position);
        // 敌人与追踪点距离
```

```
            if (distance <= 1)                        // 如果距离 <=1
            {
                Destroy(tar.gameObject);
            }
        }
    }

    IEnumerator WaitTime(float sec)
    {
        yield return new WaitForSeconds(sec);
        zombieAgent.isStopped = false;
        zomAnimator.SetBool("Walk", true);
    }
    public void Idle(float sec)
    {
        StartCoroutine(WaitTime(sec));
    }
  }
}
```

第二步，在 Hierarchy 选项卡下选择 Zombie 组件，在其 Inspector 选项卡下找到 Wander Center 属性，然后将 Hierarchy 选项卡下的"巡逻中心点"对象拖到 Wander Center 属性右边的对象栏中，最后勾选 Is Walk 复选框，如图 5.12 所示。

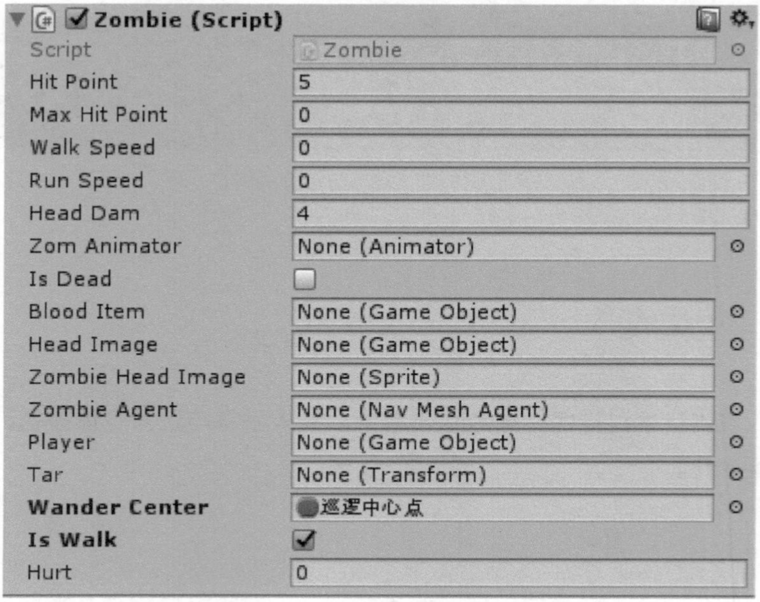

图 5.12　Wander Center 和 Is Walk 属性设置

注意 1：无须填写 Zombie 组件中的其他参数，游戏运行时会自动从 Config.cs 文件中读取相关数据。

注意 2：在游戏场景中，可以在不同的位置上放置多个"巡逻中心点"预制体，对应位置附近的敌人指定对应的"巡逻中心点"预制体。若不勾选 Is Walk 复选框，敌人会站在原地不动，直到受到玩家攻击才会跑向玩家。

第三步，运行并测试游戏效果，结果如图 5.13 所示，图中的敌人正在徘徊巡逻。

图 5.13　敌人徘徊巡逻效果图

5.4　敌人攻击

敌人攻击玩家过程包括播放攻击动画，敌人手掌与玩家身体碰撞，以及玩家能量条变化。

5.4.1　敌人爪子

我们制作的敌人虽然可以播放攻击动画，但要想对玩家角色造成伤害，须使用 Unity3D 游戏引擎中的碰撞检测功能。

第一步，在 Hierarchy 选项卡下选择 Zombie_01_Tshirt 对象，在其子对象 Bip001 R Finger0 下，创建一个名为"爪子"的 Cube 对象，如图 5.14 所示。将其 Scale 设置为（0.1, 0.1, 0.1），然后取消 Mesh Renderer 组件的勾选状态。

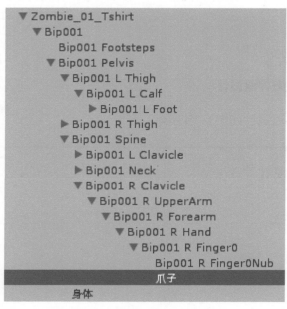

图 5.14 创建"爪子"对象

第二步，将 Zombie_01_Tshirt 对象拖到预制体文件夹下，覆盖原有的 Zombie_01_Tshirt 预制体。

第三步，对 Boss 敌人 Zombie_20_brown 对象重复上述操作。

5.4.2 代码实现

第一步，碰撞检测的代码在 Player.cs 文件中的 OnTriggerEnter() 函数中。

第二步，玩家伤害的代码在 Player.cs 文件中的 Hurt() 函数中。

第三步，玩家能量条变化的代码在 Player.cs 文件中的 Hurt() 函数中。

5.5 结束界面

本游戏设计两个游戏结束界面，一个是游戏失败界面，另一个是游戏胜利界面。

5.5.1 游戏失败界面

（1）游戏失败界面设计

游戏失败界面设计如图 5.15 所示。

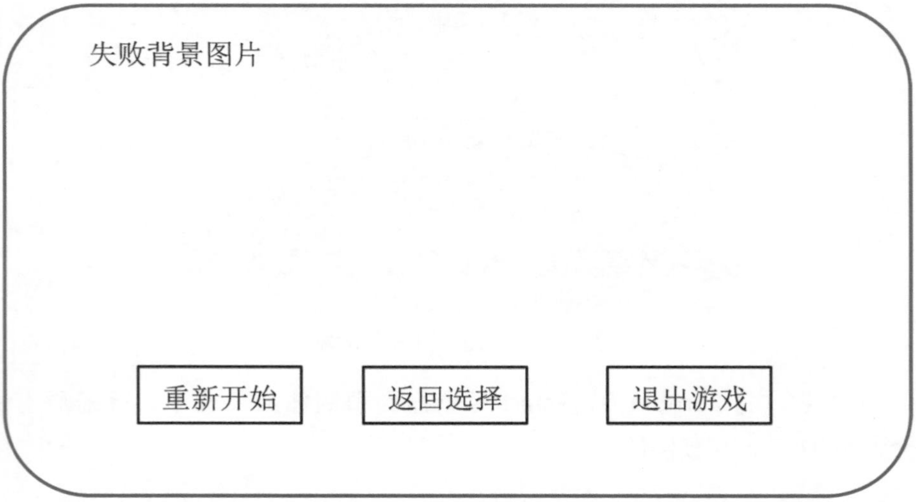

图 5.15　游戏失败界面示意图

第一步，根据游戏失败界面的设计方案，选择菜单命令"File—New Scene"，新建一个游戏场景，再选择菜单命令"File—Save Scenes"，将该场景命名为 FailScene 并保存。

第二步，选择菜单命令"GameObject—UI—Panel"，新建一个名为"失败界面"的 Panel 对象，将其 Source Image 指定为"Assets/MyFPSGame/UI/背景图片/游戏失败背景图"，如图 5.16 所示。

图 5.16　游戏失败界面背景图片设置

第三步，以"失败界面"对象为父对象，选择菜单命令"GameObject—UI—Button"，新建三个名为"重新开始""返回选择"和"退出游戏"的 Button 组件。在 Inspector 选项卡下，分别将这三个组件各自的 Text 组件的 Text 属性修改为"重新开始""返回选择"和"退出游戏"，最终效果如图 5.17 所示。

图 5.17　游戏失败界面效果图

（2）游戏失败界面交互

下面我们编写代码，实现游戏失败界面跳转交互的功能。

第一步，选择菜单命令"GameObject—Create Empty"，新建一个空对象，将该空对象命名为"按钮控制器"。

第二步，在"Assets/MyFPSGame/ 脚本文件夹"下，新建一个名为 CompleteUI 的 C# 文件，编写代码如下：

```csharp
/*******************************************************************
 *    功能：结束游戏（成功或失败）场景的 UI                          *
 *******************************************************************/

using System.Collections;
using System.Collections.Generic;
using UnityEngine;
using UnityEngine.SceneManagement;

namespace MyFPSGame                          // 命名空间
{
    public class CompleteUI : MonoBehaviour
    {
        public void Button_Restart()         // 【按钮】重新开始当前关卡游戏
        {
            string name = Config.currentScene;    // 获取当前关卡名字
            SceneManager.LoadScene(name);         // 加载当前关卡
        }

        public void Button_Select()          // 【按钮】返回到游戏开始界面
        {
            SceneManager.LoadScene("StartUI");  // 加载 StartUI 关卡
        }

        public void Button_Exit()                 // 【按钮】退出游戏
        {
            Application.Quit();                   // 退出游戏
        }
    }
}
```

第三步，将 FailScene.cs 文件拖到"按钮控制器"对象下成为其组件。

第四步，在 Hierarchy 选项卡下选择"重新开始"对象，在 Inspector 选项卡下找到 On Click() 属性，为其添加响应事件，事件的对象是"按钮控制器"，事件的响应函数是 CompleteUI.Button_Restart，如图 5.18 所示。

图 5.18　"重新开始"按钮响应事件设置

第五步， 在 Hierarchy 选项卡下选择"返回选择"对象，在 Inspector 选项卡下找到 On Click() 属性，为其添加响应事件，事件的对象是"按钮控制器"，事件的响应函数是 CompleteUI.Button_Select，如图 5.19 所示。

图 5.19　"返回选择"按钮响应事件设置

第六步， 在 Hierarchy 选项卡下选择"退出游戏"对象，在 Inspector 选项卡下找到 On Click() 属性，为其添加响应事件，事件的对象是"按钮控制器"，事件的响应函数是 CompleteUI.Button_Exit，如图 5.20 所示。

图 5.20　"退出游戏"按钮响应事件设置

（3）游戏失败条件

当玩家角色能量小于等于 0 时，跳转到游戏失败界面，该功能由 Player.cs 文件中的 Update() 函数实现，编写代码，代码如下：

```
/**********************************************************
 *    功能：游戏主角脚本                                    *
 **********************************************************/
using System.Collections;
```

```
using System.Collections.Generic;
using UnityEngine;
using UnityEngine.UI;
using UnityEngine.SceneManagement;
namespace MyFPSGame                          // 命名空间
{
    public class Player : MonoBehaviour
    {
        public enum direction {STOP, FORWARD, BACK, LEFT, RIGHT};
        public direction dir;                // 玩家移动方向
        public float speed;                  // 玩家移动速度
        public GameObject cam;               // 玩家摄像头

        public GameObject playerBlood;       // 玩家能量条
        public float currentHealth;          // 玩家当前剩余能量
        public float MaxHealth;              // 玩家最大能量
        public bool isDead;                  // 玩家是否死亡标志

        public string curSceneName;          // 当前关卡名称

        void Start()
        {
            ReadConfig();                    // 读入 Config 数据
            InitPlayer();                    // 初始化玩家
        }

        void Update()
        {
            if (isDead)                      // 如果玩家死亡
            {
                Debug.Log("玩家死亡，转到死亡场景");
                //Config.currentScene = curSceneName;
                Config.SaveSceneName(curSceneName);
                // 将当前游戏场景名字存入 Config.cs 文件中
                SceneManager.LoadScene("FailScene");
                // 加载 FailScene 场景

            }
            Move(dir);                       // 玩家移动
        }

        public void ReadConfig()
        {
            Debug.Log("准备从 Config.cs 中读入 Player 信息...");
            var config = GameObject.Find("配置文件");
            // 找到配置文件对象
            MaxHealth = config.GetComponent<Config>().playerMaxHealth;
            // 读入玩家最大能量
            speed = config.GetComponent<Config>().playerSpeed;
            // 读入玩家移动速度
            Debug.Log("Player 信息读入完毕。");
```

```
    }

    public void InitPlayer()              //【函数】初始化玩家
    {
        Debug.Log("准备初始化 Player 数据...");
        cam = GameObject.FindGameObjectWithTag("MainCamera");
        // 找到玩家摄像头对象
        playerBlood = GameObject.Find("Canvas/ 玩家信息区 / 玩家能
量条");       // 找到玩家能量条对象
        currentHealth = MaxHealth;
        // 玩家当前能量 = 最大能量
        curSceneName = SceneManager.GetActiveScene().name;
        // 保存当前关卡名字
        Debug.Log("Player 数据初始化完毕。");
    }

    public void Move(direction dir)   //【函数】玩家移动
    {
        switch (dir)                   // 判断 dir 值
        {
            case direction.STOP:      // 停止移动
                break;

            case direction.FORWARD:    // 方向前进
                transform.Translate(transform.forward * speed *
Time.deltaTime, Space.World);

                break;
            case direction.BACK:      // 方向后退
                transform.Translate(-transform.forward * speed *
Time.deltaTime, Space.World);
                break;
            case direction.LEFT:      // 方向左移
                transform.Translate(-transform.right * speed *
Time.deltaTime, Space.World);
                break;
            case direction.RIGHT:     // 方向右移
                transform.Translate(transform.right * speed * Time.
deltaTime, Space.World);
                break;
            default:                  // 其他
                break;
        }
    }
    public void BodyRotate(float rotY)
    //【函数】玩家（左右）转动身体
    {
        transform.Rotate(0, rotY, 0); // 绕 Y 轴旋转
    }
    public void CamRotate(float rotX) //【函数】 摄像头（上下）转动
    {
```

```
            cam.transform.Rotate(-rotX, 0, 0);     // 绕 X 轴旋转
        }

        public void Hurt(float hurt)          //【函数】玩家受到伤害
        {
            var hur = hurt;

            currentHealth -= hurt;            // 玩家当前能量－敌人伤害值
            playerBlood.GetComponent<Slider>().maxValue = MaxHealth;
            // 玩家能量条最大值 = 玩家能量最大值
            playerBlood.GetComponent<Slider>().value = currentHealth;
            // 玩家能量条当前值 = 玩家能量当前值
            if(currentHealth <= 0)             // 如果玩家当前能量 <= 0;
            {
                isDead = true;                 //isDead 为真
            }
        }


        public void OnTriggerEnter(Collider col) //【函数】碰撞响应
        {
            var tag = col.tag;                 // 获取碰撞对象的 Tag
            switch (tag)                       // 判断 Tag
            {

                case "Claw":                   //Tag = Claw
                    var hurt = col.transform.root.
GetComponent<Zombie>().hurt;               // 获取敌人的伤害值
                    Hurt(hurt);                // 调用玩家的伤害函数
                    break;

                case "Pistol":                 //Tag = Pistol
                    var ammo = Config.pistol_Ammo;
                    // 子弹量从 Config.cs 文件中获取
                    GameObject.FindWithTag("BulletsManager").
GetComponent<Bullets>().PickUp(0, ammo);      // 增加手枪子弹量
                    Destroy(col.gameObject);    // 销毁手枪对象
                    break;
                case "Tommygun":
                    var ammo1 = Config.tommygun_Ammo;
                    // 子弹量从 Config.cs 文件中获取
                    GameObject.FindWithTag("BulletsManager").
GetComponent<Bullets>().PickUp(1, ammo1);     // 增加冲锋枪子弹量
                    Destroy(col.gameObject);    // 销毁冲锋枪对象
                    break;
                case "Rifle":
                    var ammo2 = Config.tommygun_Ammo;
                    // 子弹量从 Config.cs 文件中获取
                    GameObject.FindWithTag("BulletsManager").
```

```
GetComponent<Bullets>().PickUp(2, ammo2);        // 增加来复枪子弹量
                Destroy(col.gameObject);         // 销毁来复枪对象
                break;
        //case:

            default:
                break;

        }

    }

    }
}
```

5.5.2　游戏胜利界面

有游戏失败界面，必然有游戏胜利界面，下面我们来进行游戏胜利界面的设计和制作。

（1）游戏胜利界面设计

游戏胜利界面设计如图 5.21 所示。

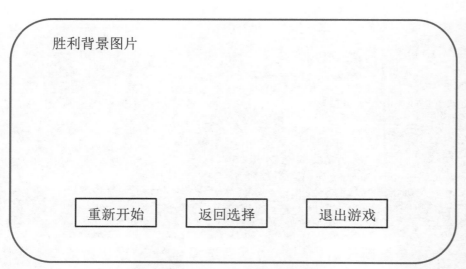

图 5.21　游戏胜利界面示意图

第一步，在 FailScene 场景中，选择菜单命令"File—Save Scenes"，将
FailScene 场景重命名为"Success Scene"并保存。

第二步，在 Hierarchy 选项卡下，将"失败界面"对象重命名为"胜利界面"。
将其 Source Image 指定为"Assets/MyFPSGame/UI/ 背景图片 / 游戏胜利背
景图"，如图 5.22 所示。

图 5.22　游戏胜利界面背景图片设置

游戏胜利界面的最终效果如图 5.23 所示。

图 5.23　游戏胜利界面效果图

（2）游戏胜利界面交互

游戏胜利界面的按钮和游戏失败界面的按钮内容和功能一样，无须修改。

（3）游戏胜利条件

本游戏设计的三个关卡的胜利条件都是击败一定数量的敌人，我们在后续章节实现该内容。

最后，导出 apk 文件并在手机上安装，然后运行游戏。

5.6　作业

① 设计和制作自己的游戏胜利界面。

② 设计和制作自己的游戏失败界面。

③ 设置碰撞盒，避免玩家角色"穿墙"。

第 6 章

———

关卡和道具

本章，我们进行游戏设计和制作的最后一步，我们一起来制作完整的关卡和游戏中出现的道具，使游戏更加完整。

6.1 关卡制作

6.1.1 Level1 关卡

Level1 是一个"容易"类型的关卡，首先我们要导入一个 Unity 官方网站上 App Store 提供的免费的资源包，将资源包内的 Demo 场景作为我们游戏的关卡场景。其次，我们在场景中放置一个 Boss 敌人和两个普通敌人作为 Level1 关卡中的所有敌人。最后编写代码，控制游戏胜利条件。

（1）导入资源包

第一步，将"随书资源 / 资源包"文件夹中的 Town.package 资源包导入游戏工程中。在"Assets/PolygonTown/Scenes"文件夹下，双击 Demo 文件，打开 Demo 场景。

第二步，在 Hierarchy 选项卡下选择 Demo 对象，按"Ctrl+C"组合键复制该对象。

第三步，在"Assets/MyFPSGame/ 关卡"文件夹下，双击 Level1 场景文件打开该场景。询问原来的 Demo 场景是否保存时，单击"取消"按钮。

第四步，在 Hierarchy 选项卡下按"Ctrl+V"组合键，将 Demo 对象粘贴到场景中。找到 Demo 中自带的 Camera 对象，将其删除。

第五步，在 Hierarchy 选项卡下，删除原来的 Plane 对象。

第六步，在 Hierarchy 选项卡下选择 Demo 对象，在 Inspector 选项卡下，勾选 Static 复选框。在弹出的对话框中，单击 Yes，Change Children 按钮，结果如图 6.1 所示。

第七步，选择菜单命令"Window—Navigation"，打开 Navigation 选项卡，单击 Bake 按钮切换到 Bake 选项卡，保持默认参数不变，单击右下角的 Bake

按钮，对场景进行烘焙，操作方法如图 6.2 所示。

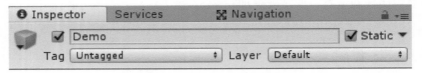

图 6.1　勾选 Static 复选框

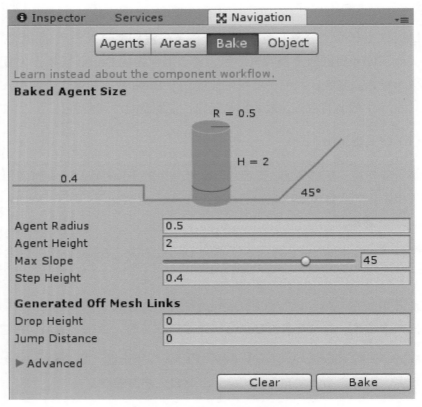

图 6.2　Navigation 选项卡设置

　　注意：如果将游戏场景中的房屋、车辆等对象指定为 Static 属性，则在进行烘焙操作时，这些对象都会被系统当作静态对象进行计算。自动寻径的敌人 NPC 遇到这些静态游戏对象时会绕过去，而不会直接穿过去。

　　烘焙完毕之后，在 Navigation 选项卡下，单击 Areas 按钮，看到烘焙后的场景如图 6.3 所示。

图 6.3　烘焙后的场景

第八步，运行游戏测试效果。

（2）编写代码

第一步，打开"Assets/MyFPSGame/ 脚本"文件夹下的 Config.cs 文件，在 Boss 敌人参数的下面添加新的代码，最终 Config.cs 文件的内容如下：

```
/**********************************************************************
 *    功能：所有数据集合                                              *
 **********************************************************************/

using UnityEngine;
using UnityEngine.UI;
namespace MyFPSGame            // 命名空间
{

    public class Config : MonoBehaviour
    {
        /* 以下是子弹数组，保存子弹相关数据 */
        public int[] m_bullet_curNum = {5, 30, 10};
        // 每种武器当前弹夹剩余子弹量
        public int[] m_bullet_fullNum = {5, 30, 10};
        // 每种武器当前弹夹总容量
        public int[] m_bullet_totalNum = {20, 60, 15 };
        // 每种武器当前剩余子弹总量
```

```csharp
public float[] m_bullet_curInterval = {0.3f, 0.1f, 3f };
// 每种武器射击间隔
public float[] m_bullet_curDamage = {1, 2, 3 };
// 每种武器子弹伤害值
public AudioSource[] m_gunShot;
// 每种武器射击音效
/* 以上是子弹数组, 保存子弹相关数据 */


/* 以下是玩家参数, 保存玩家相关数据 */
public float playerSpeed = 2.0f;               // 玩家移动速度
public float playerMaxHealth = 10.0f;          // 玩家最大能量
/* 以上是玩家参数, 保存玩家相关数据 */


/* 以下是普通敌人参数, 保存普通敌人相关数据 */
public float zombieMaxHitPoint = 5.0f;         // 敌人最大能量
public float zombieHurt = 1.0f;                // 敌人的攻击伤害
public float zombieHeadDam = 4;                // 敌人打中头部系数
public float zombieWalkSpeed = 0.6f;           // 敌人行走速度
public float zombieRunSpeed = 1.2f;            // 敌人奔跑速度
public Sprite[] zombieHeadIcon;                // 敌人头像
/* 以上是普通敌人参数, 保存普通敌人相关数据 */


/* 以下是 Boss 敌人参数, 保存 Boss 敌人相关数据 */
public float bosszombieMaxHitPoint = 30.0f;//Boss 敌人最大能量
public float bosszombieHurt = 3.0f;            //Boss 敌人的攻击伤害
public float bosszombieHeadDam = 3;
//Boss 敌人打中头部伤害系数
public float bosszombieWalkSpeed = 1f;   //Boss 敌人移动速度
public float bosszombieRunSpeed = 2f;    //Boss 敌人奔跑速度
/* 以上是 Boss 敌人参数, 保存 Boss 敌人相关数据 */
//* 以下是武器初始子弹量 *//
public static int pistol_Ammo = 20;       // 手枪子弹量
public static int tommygun_Ammo = 60;     // 冲锋枪子弹量
public static int rifle_Ammo = 20;        // 来复枪子弹量
//* 以上是武器初始子弹量 *//


//* 以下是每一关卡的敌人数量 *//
public static int zombieNum_Level1 = 3; //Level1 中的敌人数量
//* 以上是每一关卡的敌人数量 *//


public static string currentScene;        // 当前场景名


public static void SaveSceneName(string name)
//【函数】保存当前场景名字
{
    currentScene = name;
}
    }
}
```

第二步，在 "Assets/MyFPSGame/ 脚本" 文件夹下，新建一个 C# 文件，重命名为 Success。编写代码如下：

```
/***************************************************************
 *    功能：判断游戏是否胜利                                       *
 ***************************************************************/
using System.Collections;
using System.Collections.Generic;
using UnityEngine;
using UnityEngine.SceneManagement;
namespace MyFPSGame                                    // 命名空间
{

    public class Success : MonoBehaviour
    {
        public string curLevelName;                    // 当前关卡名字
        [SerializeField]private int zombieNum;         // 关卡中的敌人数量

        // Use this for initialization
        void Start()
        {
            ReadConfig();    // 从 Config.cs 文件中读入数据：关卡敌人数量

        }
        void ReadConfig()    // 【函数】 读入 Config 数据
        {
            curLevelName = SceneManager.GetActiveScene().name;
            // 获得当前关卡名
            switch (curLevelName)            // 判断关卡名字
            {
                case "Level1":           // 如果是 Level1
                    zombieNum = Config.zombieNum_Level1;
                    //zombieNum = Level1 敌人数量
                    break;
                case "Level2":
                    break;
                case "Level3":
                    break;
                default:
                    break;
            }

        }
        public void ReduceZombie()           // 【函数】减少敌人数量
        {
            zombieNum--;                     // 敌人数量 -1
            if(zombieNum == 0)               // 如果敌人数量 = 0
            {
                CallSuccessUI();             // 调用 CallSuccessUI 函数
```

```
        }
    }
    public void CallSuccessUI()//【函数】跳转到 SuccessScene 场景
    {
        Config.SaveSceneName(curLevelName);
        // 将当前游戏场景名字存入 Config.cs 文件中
        SceneManager.LoadScene("SuccessScene"); // 跳转场景
    }
  }
}
```

第三步，选择菜单命令"GameObject—Create Empty"，新建一个空对象，将其命名为"胜利条件"。

第四步，创建一个新的 Tag 标签，命名为 Success，将"胜利条件"对象的 Tag 属性指定为 Success，如图 6.4 所示。

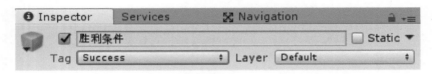

图 6.4 "胜利条件"对象的 Tag 属性指定为 Success

第五步，将刚才编写好代码的 Success.cs 文件拖到"胜利条件"对象下面，成为该对象的一个组件。

第六步，打开"Assets/MyFPSGame/ 脚本"文件夹下的 Zombie.cs 文件，添加新的代码，最后的 Zombie.cs 文件内容如下：

```
/******************************************************************
 *    功能：敌人行为                                              *
 ******************************************************************/
using System.Collections;
using System.Collections.Generic;
using UnityEngine;
using UnityEngine.UI;
using UnityEngine.AI;

namespace MyFPSGame                   // 命名空间
{
    public class Zombie : MonoBehaviour
    {
```

```
public float hitPoint;                          // 敌人当前能量
public float MaxHitPoint;                        // 敌人最大能量
public float walkSpeed;                          // 敌人行走速度
public float runSpeed;                           // 敌人奔跑速度
public float headDam = 4;                         // 打中头部系数
public Animator zomAnimator;                     // 敌人 Animator
public bool isDead;                              // 敌人是否死亡
public GameObject bloodItem;                      // 敌人能量条
public GameObject headImage;                      // UI 界面的敌人头像
public Sprite zombieHeadImage;                    // 敌人头像图片
public NavMeshAgent zombieAgent;                  // 敌人的 Agent
public GameObject player;                         // 游戏玩家对象
private bool isAttack;                            // 敌人是否被攻击

public Transform tar;                             // 追踪点位置
public GameObject wanderCenter;                   // 徘徊区域中心点
[SerializeField]private bool isWalk;             // 敌人是否行走
public float hurt;                               // 敌人对玩家造成的伤害值

public GameObject success;                        // "胜利条件" 对象


protected virtual void Start()
{
    ReadConfig();                                // 读入 Config 数据
    InitZombie();                                // 初始化敌人数据
}

void Update()
{
    if (isDead)
    {
        return;
    }
    if (!isAttack)                               // 敌人没有受到攻击
    {
        if (isWalk)                              // 敌人可以行走
        {
            MoveTo(tar);                         // 移动敌人
        }

    }
    else
    {
        Attack(player);                          // 敌人攻击玩家
    }
}

protected virtual void ReadConfig()
{
```

```csharp
        Debug.Log("准备从 Config.cs 中读入 Zombie 信息...");
        var config = GameObject.Find("配置文件");
        // 找到配置文件对象
        MaxHitPoint = config.GetComponent<Config>().
zombieMaxHitPoint;
        hurt = config.GetComponent<Config>().zombieHurt;
        walkSpeed = config.GetComponent<Config>().zombieWalkSpeed;
        runSpeed = config.GetComponent<Config>().zombieRunSpeed;
        headDam = config.GetComponent<Config>().zombieHeadDam;
        zombieHeadImage = config.GetComponent<Config>().
zombieHeadIcon[0];
        Debug.Log("读入 Zombie 信息完毕。");
    }

    protected virtual void InitZombie()
    {
        Debug.Log("准备初始化 Zombie 数据...");
        zomAnimator = GetComponent<Animator>(); // 得到 Animator 组件
        bloodItem = GameObject.Find("Canvas/ 敌人信息区 / 敌人能量条");
        headImage = GameObject.Find("Canvas/ 敌人信息区 / 敌人头像");
        hitPoint = MaxHitPoint;
        zombieAgent = GetComponent<NavMeshAgent>();
        player = GameObject.FindGameObjectWithTag("Player");
        success = GameObject.FindGameObjectWithTag("Success");
        Debug.Log("初始化 Zombie 数据完毕。");
    }

public void BodyDamage(float dam)              // 敌人被打中身体
{
    if (isDead)                                // 如果死了
    {
        return;                                // 返回
    }

    hitPoint -= dam;                           // 敌人能量 -dam
    if (hitPoint <= 0)                         // 敌人能量 <=0
    {
        zomAnimator.SetTrigger("Dead");        // 播放死亡动画
        isDead = true;                         //isDead 设为 true
        zombieAgent.isStopped = true;          // 暂停自动寻径组件
        success.GetComponent<Success>().ReduceZombie();
        //success 对象中的敌人数量 -1
        return;
    }
    isAttack = true;                           //isAttack 设为 true
    zomAnimator.SetBool("BeAttack", true);     // 播放奔跑动画
}
public void HeadDamage(float dam)              // 敌人被打中头部
{
    if (isDead)                                // 如果死了
    {
```

```
        return;                              // 返回
    }
    Attack(player);                          // 攻击玩家

    float damage = dam * headDam;            // 打中头部伤害值
    hitPoint -= damage;                      // 能量 - 打中头部伤害值
    if (hitPoint <= 0)                       // 能量 <=0
    {
        zomAnimator.SetTrigger("Dead");// 播放死亡动画
        isDead = true;                       //isDead 设为 true
        zombieAgent.isStopped = true;        // 停止自动寻径组件
        success.GetComponent<Success>().ReduceZombie();
        //success 对象中的敌人数量 -1
        return;
    }
    isAttack = true;                         //isAttack 设为 true
    zomAnimator.SetBool("BeAttack", true);   // 敌人进入奔跑状态
}

public void ChangeBlood()                    //【函数】改变敌人能量条
{
    bloodItem.GetComponent<Slider>().maxValue = MaxHitPoint;
    // 能量条最大值为 MaxHitPoint
    bloodItem.GetComponent<Slider>().value = hitPoint;
    // 显示当前能量
    headImage.GetComponent<Image>().sprite = zombieHeadImage;
    // 头像显示被击中敌人头像
}

protected virtual void Attack(GameObject player)
    //【函数】敌人攻击玩家
{
    zombieAgent.SetDestination(player.transform.position);
    // 敌人目标为玩家
    zombieAgent.speed = runSpeed;
    // 敌人速度为 runSpeed
    //var distance =
    //Vector3.Distance(transform.position,
    //player.transform.position);
    zombieAgent.stoppingDistance = 1.2f;
    // 敌人距离目标 1.2 米停止移动

    var distance = zombieAgent.remainingDistance;
    // 敌人距离目标剩余距离
    //Debug.Log(distance);
    if (distance <= 2)                       // 距离 <=2
    {
        zomAnimator.SetBool("Attack", true);
        // 敌人播放攻击动画
```

```
    }
    else
    {
        zomAnimator.SetBool("Attack", false);
        // 取消播放敌人攻击动画
        zombieAgent.isStopped = false;
        // 敌人寻径组件启动
    }
}

public void MoveTo(Transform ob)
// 【函数】朝着新生成的追踪点移动
{
    if (tar == null)                    // 如果追踪点不存在
    {
        tar = wanderCenter.GetComponent<WanderPoint>().CreatePoint();
        // 创建一个追踪点
        zombieAgent.SetDestination(tar.position);
        // 将敌人目标设为该追踪点
        zombieAgent.speed = walkSpeed;
        // 敌人移动速度为 walkSpeed
        zombieAgent.isStopped = true;
        // 敌人寻径组件停止
        zomAnimator.SetBool("Walk", false);                    //
        敌人播放 walk 动画
        var sec = Random.Range(2, 5);
        Idle(sec);
    }
    else
    {
        var distance = Vector3.Distance(transform.position,
            tar.position);
        // 敌人与追踪点距离
        if (distance <= 1)
        // 如果距离 <=1
        {
            Destroy(tar.gameObject);
        }
    }
}

IEnumerator WaitTime(float sec)
{
    yield return new WaitForSeconds(sec);
    zombieAgent.isStopped = false;
    zomAnimator.SetBool("Walk", true);
}
public void Idle(float sec)
{
```

```
            StartCoroutine(WaitTime(sec));
        }
    }
}
```

（3）关卡管理

第一步，在 Level1 关卡中，选择菜单命令 "File—Build Settings"，将 FailScene 场景和 SuccessScene 场景添加到列表之中，如图 6.5 所示。

Scenes In Build

☑ MyFPSGame/关卡/StartUI	0
☑ MyFPSGame/关卡/Level1	1
☑ MyFPSGame/关卡/Level2	2
☑ MyFPSGame/关卡/Level3	3
☑ MyFPSGame/关卡/FailScene	4
☑ MyFPSGame/关卡/SuccessScene	5

图 6.5　管理关卡

第二步，在场景里复制一个普通敌人，使得场景里有一个 Boss 敌人和两个普通敌人。

第三步，运行游戏，测试效果，结果如图 6.6 所示。

图 6.6　Level1 关卡运行截图

6.1.2 Level2 关卡

本书设计的 Level2 关卡使用与 Level1 关卡相同的场景，但里面放置两个 Boss 敌人和 8 个普通敌人。

第一步， 选择菜单命令"File—Save Scenes as"，将 Level1 关卡另存为 Level2 关卡，覆盖原来的 Level2 关卡。

第二步， 在场景中复制出一个 Boss 敌人，放置到合适的位置。

第三步， 在场景中复制出 7 个普通敌人，放置到合适的位置。

第四步， 打开"Assets/MyFPSGame/ 脚本"文件夹下的 Config.cs 文件，在 Boss 敌人参数的下面添加如下代码：

```
//* 以下是每一关卡的敌人数量 *//
public static int zombieNum_Level1 = 3;   //Level1 中的敌人数量
public static int zombieNum_Level2 = 10;  //Level2 中的敌人数量
//* 以上是每一关卡的敌人数量 *//
```

第五步， 运行游戏，测试效果。

6.1.3 Level3 关卡

本书设计的 Level3 关卡同样使用与 Level1 关卡相同的场景，但里面放置 4 个 Boss 敌人和 16 个普通敌人。

第一步， 选择菜单命令"File—Save Scenes as"，将 Level2 关卡另存为 Level3 关卡，覆盖原来的 Level3 关卡。

第二步， 在场景中复制 Boss 敌人，使得场景中一共有 4 个 Boss 敌人，将它们放置到合适的位置。

第三步， 在场景中复制普通敌人，使得场景中一共有 16 个普通敌人，将它们放置到合适的位置。

第四步， 打开"Assets/MyFPSGame/ 脚本"文件夹下的 Config.cs 文件，在 Boss 敌人参数的下面添加如下代码：

```
//* 以下是每一关卡的敌人数量 *//
public static int zombieNum_Level1 = 3;    //Level1 中的敌人数量
public static int zombieNum_Level2 = 10;   //Level2 中的敌人数量
public static int zombieNum_Level3 = 20;   //Level3 中的敌人数量
//* 以上是每一关卡的敌人数量 *//
```

第五步，运行游戏，测试效果。

6.2　道具制作

游戏场景中散落着一些不同类型的武器，玩家在与敌人战斗的过程中收集这些物品，会使游戏更加有趣。

6.2.1　手枪道具

第一步，将"随书资源／资源包"文件夹下的 Low Poly Weapon VoL.1. package 导入工程文件中。

第二步，将"Low Poly Weapons VOL.1/Models"文件夹下的 M1911 模型文件拖到 Hierarchy 选项卡下，将该模型文件重命名为"手枪"。

第三步，选择菜单命令"Component—Physics—Box Collider"，为"手枪"对象添加碰撞盒。在 Inspector 选项卡下，选择 Box Collider 组件，单击 Edit Collider 右侧的按钮，确保按钮处于按下状态。

第四步，用鼠标左键按住碰撞盒面上的绿色圆点，通过拖曳缩小碰撞盒，形成一个最小的包围"手枪"对象的碰撞盒，如图 6.7 所示。

第五步，添加一个新的 Tag 标签，命名为 Pistol，将"手枪"对象的 Tag 属性指定为 Pistol，如图 6.8 所示。

第六步，再将"手枪"对象拖到"Assets/MyFPSGame/ 预制体"文件夹下，生成"手枪"预制体文件。

第七步，打开脚本文件夹下的 Config.cs 文件，在 Boss 敌人相关代码下面添加武器相关代码，内容如下：

图 6.7　"手枪"对象碰撞盒结果图

图 6.8　设置"手枪"对象的 Tag 属性为 Pistol

```
//* 以下是武器初始子弹量 *//
public static int pistol_Ammo = 20;        // 手枪子弹量
public static int tommygun_Ammo = 60;      // 冲锋枪子弹量
public static int rifle_Ammo = 20;         // 来复枪子弹量
//* 以上是武器初始子弹量 *//
```

第八步，打开脚本文件夹下的 Bullet.cs 文件，在 Reload() 函数和 Fire() 函数之间，添加一个名为 PickUp() 的新函数，内容如下：

```
public void PickUp(int id, int ammo)        //【函数】捡子弹
    {
        bullet_totalNum[id] += ammo;    //id 为枪支类型，ammo 为子弹量
    }
```

第九步，打开脚本文件夹下的 Player.cs 文件，找到 OnTriggerEnter() 函数，添加新的代码，最终结果如下：

```
public void OnTriggerEnter(Collider col)        // 碰撞响应函数
```

```
            {
                var tag = col.tag;                  // 获取碰撞对象的 Tag
                switch (tag)                        // 判断 Tag
                {
                    case "Claw":                     //Tag = Claw
                        var hurt = col.transform.root.
GetComponent<Zombie>().hurt;                          // 获取敌人的伤害值
                        Hurt(hurt);                   // 调用玩家的伤害函数
                        break;

                    case "Pistol":                   //Tag = Pistol
                        var ammo = Config.pistol_Ammo;
                        // 子弹量从 Config.cs 文件中获取
                        GameObject.FindWithTag("BulletsManager").
GetComponent<Bullets>().PickUp(0, ammo);              // 增加手枪子弹量
                        Destroy(col.gameObject);      // 销毁手枪对象
                        break;

                    default:
                        break;
                }
            }
```

第十步，将"手枪"对象放置在合适的位置上，运行并测试游戏。

6.2.2　冲锋枪道具

第一步，将"Low Poly Weapons VOL.1/Models"文件夹下的 M4_8 模型文件拖到 Hierarchy 选项卡下，将该模型文件重命名为"冲锋枪"。

第二步，选择菜单命令"Component—Physics—Box Collider"，为"冲锋枪"对象添加碰撞盒。在 Inspector 选项卡下，选择 Box Collider 组件，单击 Edit Collider 右侧的按钮，确保按钮处于按下状态。

第三步，用鼠标左键按住碰撞盒面上的绿色圆点，通过拖曳缩小碰撞盒，形成一个最小的包围"冲锋枪"对象的碰撞盒，如图 6.9 所示。

第四步，添加一个新的 Tag 标签，命名为 Tommygun，将"冲锋枪"对象的 Tag 属性指定为 Tommygun。

第五步，再将"冲锋枪"对象拖曳到"Assets/MyFPSGame/ 预制体"文件夹下，生成"冲锋枪"预制体文件。

图 6.9 "冲锋枪"对象碰撞盒结果图

第六步, 打开脚本文件夹下的 Player.cs 文件,找到 OnTriggerEnter() 函数,在 case "Pistol" 的 "break;" 和 "default:" 之间添加新的代码,最终结果如下:

```
case "Tommygun":
                    var ammo1 = Config.tommygun_Ammo;
                    // 子弹量从 Config.cs 文件中获取
                    GameObject.FindWithTag("BulletsManager").
GetComponent<Bullets>().PickUp(1, ammo1);           // 增加冲锋枪子弹量
                    Destroy(col.gameObject);        // 销毁冲锋枪对象
                    break;
```

第七步, 将冲锋枪放置在合适的位置上,运行并测试游戏。

6.2.3 来复枪道具

第一步, 将 "Low Poly Weapons VOL.1/Models" 文件夹下的 M107 模型文件拖到 Hierarchy 选项卡下,将该模型文件重命名为"来复枪"。

第二步, 选择菜单命令 "Component—Physics—Box Collider",为"来复枪"对象添加碰撞盒。在 Inspector 选项卡下,选择 Box Collider 组件,单击 Edit Collider 右侧的按钮,确保按钮处于按下状态。

第三步, 用鼠标左键按住碰撞盒面上的绿色圆点,通过拖曳缩小碰撞盒,形成一个最小的包围"来复枪"对象的碰撞盒。

第四步, 添加一个新的 Tag 标签,命名为 Rifle,将"来复枪"对象的 Tag 属性指定为 Rifle。

第五步，再将"来复枪"对象拖到"Assets/MyFPSGame/预制体"文件夹下，生成"来复枪"预制体文件。

第六步，打开脚本文件夹下的 Player.cs 文件，找到 OnTriggerEnter() 函数，在 case "Tommygun"的"break；"和"default:"之间添加新的代码，最终结果如下：

```
case "Rifle":
        var ammo2 = Config.tommygun_Ammo;  // 子弹量从 Config.cs 文件中获取
GameObject.FindWithTag("BulletsManager").GetComponent<Bullets>().
PickUp(2, ammo2);// 增加来复枪子弹量
        Destroy(col.gameObject);                // 销毁来复枪对象
        break;
```

第七步，将冲锋枪放置在合适的位置上，运行并测试游戏。

注意：以上使用的武器模型和名称不一定和真实的武器模型和名称一致。

6.3　粒子特效

射击时，在准星瞄准的地方，在地面、道具和敌人身上产生溅射效果，可以使游戏看起来更加生动。这样的效果可以使用 Unity3D 的粒子系统来实现。

第一步，在"随书资源/Unity 编辑器"文件夹中，找到并安装 UnityStandardAssetsSetup–2017.3.03 文件。

第二步，安装完成后，回到 Unity 编辑器中，打开 Project 选项卡，在 Create 选项卡下选择 Assets 根文件夹，单击鼠标右键，选择菜单命令"Import Package—ParticleSystems"，将 Unity3D 官方为我们提供的粒子资源包导入工程中，方法如图 6.10 所示。

第三步，将"Assets/Standard Assets/ParticleSystems/Prefabs"文件夹下的 FlareMobile 对象拖到 Hierarchy 选项卡下。在 Inspector 选项卡下修改其属性，属性参考如图 6.11 所示。

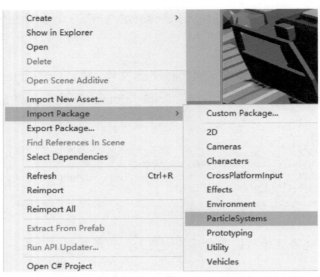

图 6.10 选择菜单命令"Import Package—ParticleSystems"

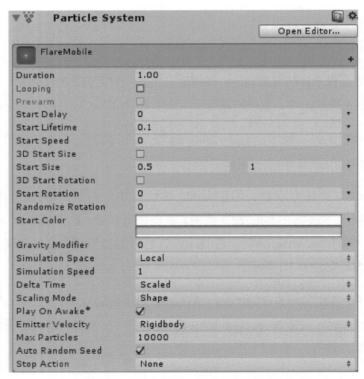

图 6.11 FlareMobile 属性参考图

第四步，打开 Bullets.cs 文件，在 void Start() 函数上面添加如下两行代码：

```
public GameObject flash;            // 子弹击中物体的粒子对象
public GameObject flashPrefab;       // 粒子对象预制体
```

然后找到 Fire() 函数，添加新代码，最终结果如下：

```
public void Fire()                  //【函数】射击函数
    {
        if(curNum == 0)         // 如果当前弹夹剩余子弹量 =0
        {
            Debug.Log("请装填子弹！");
            return;
        }
        curNum--;                // 当前弹夹剩余子弹量 -1
        Debug.Log("剩余" + curNum + "子弹。");
        curgunShot.Play();       // 播放枪声
        RaycastHit hit;          // 射线对象
        Vector2 v = new Vector2(Screen.width / 2,
            Screen.height / 2);         // 屏幕中心坐标
        if (Physics.Raycast(Camera.main.ScreenPointToRay(v), out hit))
        // 从摄像机到屏幕中心发射一条射线，返回碰到对象 hit
        {
            Debug.Log(hit.collider.name);
            if(hit.collider.name == "身体")
            // 如果碰到的碰撞体的名字是"身体"
            {
                var tar = hit.collider.transform.root;
                // 找到碰撞体的根对象（敌人对象）
                tar.GetComponent<Zombie>().BodyDamage(curDamage);
                // 调用敌人的 BodyDamage 函数，curDamage 为当前子弹伤害值
                zombieInfomation.SetActive(true);
                // 敌人头像和能量条所在区域显示出来
                tar.GetComponent<Zombie>().ChangeBlood();
                // 改变能量条
                Debug.Log(hit.point);
                flash = Instantiate(flashPrefab);
                // 创建一个粒子实例
                flash.transform.position = hit.point;
                // 将粒子位置设置在碰撞点位置上
                flash.transform.parent = tar;
                // 将粒子对象的父对象设为敌人对象
                Destroy(flash, 0.2f);
                //0.2 秒后销毁粒子对象

            }
            else if(hit.collider.name == "头部")
            // 如果碰到的碰撞体的名字是"头部"
            {
                var tar = hit.collider.transform.root;
```

```
            tar. GetComponent<Zombie>(). HeadDamage(curDamage);
            zombieInfomation. SetActive(true);
            tar. GetComponent<Zombie>(). ChangeBlood();
            flash = Instantiate(flashPrefab);
            flash. transform. position = hit. point;
            Debug. Log(hit. point);
            Destroy(flash, 0.2f);

        }

        else
        {
            zombieInfomation. SetActive(false);
            // 不显示敌人头像能量条区域
            flash = Instantiate(flashPrefab);
            // 实例化一个粒子对象
            flash. transform. position = hit. point;
            // 把粒子对象放在碰撞点上
            //Debug. Log(hit. point);
            Destroy(flash, 0.2f);
            //0.2 秒后销毁粒子对象

        }
    }
}
```

第五步， 回到 Unity 编辑器中，在 Hierarchy 选项卡下找到 "子弹管理器"
对象，在 Inspector 选项卡下，将 Flash Prefab 指定为 FlareMobile 对象。

第六步， 运行游戏，测试效果，如图 6.12 所示。

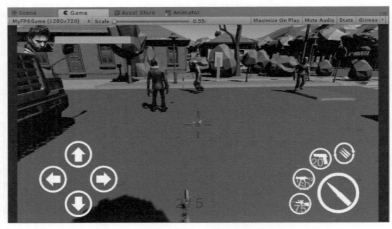

图 6.12　游戏中的粒子效果

第七步，导出 apk 文件包，在手机上安装并运行。

6.4　小结

本章我们一起完成了下述工作：

① 添加了三个游戏关卡；

② 添加了不同类型的游戏武器并完成了交互功能；

③ 添加了粒子特效使游戏内容更丰富。

6.5　作业

① 添加医疗箱等恢复性道具。

② 创建其他内容的关卡。

③ 尝试添加分数统计功能。

④ 添加其他更有趣的内容。

第 7 章

总 结

历经 5 天，我们使用 Unity 编辑器设计和制作了一个 FPS 类型的手机游戏。现在我们一起回顾一下这 5 天都完成了哪些内容。

首先，完成了 6 个游戏场景及 UI 的设计和制作工作，场景列表如下：

StartUI

Level1

Level2

Level3

FailScene

SucceedScene

其次，完成了 10 个脚本文件的编写工作，文件列表如下：

Bullets.cs

CompleteUI.cs

Config.cs

GameUI.cs

Player.cs

StartUI.cs

Success.cs

WanderPoint.cs

Zombie.cs

ZombieBoss

总代码量近 1000 行。

再次，完成了 8 个预制体的设计和制作工作，列表如下：

Zombie_01_Tshirt

Zombie_20_brown

巡逻中心点

追踪点

手枪

冲锋枪

来复枪

飞溅（粒子）

最后，完成了敌人状态机及所有 UI 图标和背景图片的设计和制作工作。

此外，每一章的结尾，都给读者留了一些作业，当然，读者一定也有自己的想法，添加更多的游戏内容，使游戏变得越来越有趣。本书在内容设计上尽量保持适当的难度，希望能够抛砖引玉，使读者能自行设计和制作出内容更丰富、可玩性更高的游戏。